コンパクト 経済学ライブラリ **8**

コンパクト
統計学

川出 真清

新世社

編者のことば

　経済学の入門テキストは既に数多く刊行されている。それでも，そのようなテキストを手に取りながら，数式や抽象的理論の展開を目にしただけで本を閉じてしまう入門者も少なくない。他方で，景気回復や少子高齢化，労働市場の流動化，金融の国際化・ハイテク化，財政赤字の累増等，経済学に関係の深い社会問題自体には関心が高く，現実の経済現象が経済学でどのように捉えられるかという問題意識を持つ読者も多い。こうした傾向を捉え，いま，より一層の「わかりやすさ」「親しみやすさ」を追求したテキストの出版が求められている。

　これまで新世社では，「新経済学ライブラリ」をはじめ，「〈入門／演習〉経済学三部作」，「基礎コース［経済学］」等，いくつかの経済学テキストライブラリを公刊してきた。こうした蓄積を背景に，さらに幅広い読者に向けて，ここに新しく「コンパクト 経済学ライブラリ」を刊行する。

　本ライブラリは以下のような特長を持ち，初めて学ぶ方にも理解しやすいよう配慮されている。

1. 経済学の基本科目におけるミニマムエッセンスを精選。
2. 本文解説＋ビジュアルな図解という見開き構成によるレイアウトを採用。概念・理論展開の視覚的理解を図った。
3. 現実の経済問題も取り入れた具体的な解説。
4. 半年単位の学期制が普及した大学教育の状況に適した分量として，半期週1回で合計14回程度の講義数という範囲内で理解できるように内容を構成。
5. 親しみやすいコンパクトなスタイル。

　従来にないビジュアルかつ斬新で読みやすいテキスト・参考書として，本ライブラリが広く経済学の初学者に受け入れられることを期待している。

井 堀 利 宏

はしがき

　統計学は，パーソナル・コンピュータの発達により一層高度化した情報化社会の中でさらに身近になった，私たちの生活に結びついた学問です。また，多くの専門分野では，いまや最低限の統計学の知識を持つことが暗黙の前提になっています。

　しかし一方で，統計学は大学に入ってから本格的に学ぶ科目であり，大学で学ぶにふさわしく，困難かつ避けて通れない不確実性に取り組むため，大きな発想の転換を幾度も行い，多くの困難を乗り越えていかねばなりません。

　ただ，この発想の転換が抽象的でなかなか分かりにくく，統計学を誤解したり，統計の計算過程を丸暗記してやりすごそうとする人も，残念ながら少なくありません。さらに，統計学の入門レベルのテキストであっても，理論解説の厳密さが重視され，論理を厳格に説明することが一般的です。そのため，ただでさえ分かりにくい発想の転換に関するストーリーや世界観が見えにくく，統計学の面白さが読者に十分届いていない部分があると思います。

　そこで，本書はあえて，「入門テキストの入門書」と割り切って，各項目の詳細な解説や数学的な厳密さを他書に任せ，それらの入門書を読む際のガイドブックとして活用できるよう，統計学の基本的な考え方について，できるだけストーリー性を重視して構成しました。まるでお話を読むように，できる限り親しみやすく解説しましたので，通学や通勤の際にでも気軽に読んでもらいたいと思います。

　本書では，第1章から順に，統計学を学ぶ理由，方法論とそれに必要な確率論，そして統計学の核になる情報の推測や経済学では必須の回帰分析までを説明しました。少し分かりにくいところは読み

流したり，逆にじっくり読んでもいいので，なるべく各項目を飛ばすことなく，第1章から順番に読んでほしいと思います．各トピックがほぼ見開き2ページで解説されていますので，一歩一歩進むように理解してみて下さい．

　本書を読み進めるうちに，前に学んだ内容が後で重要になることもあります．すでに学んだ内容を忘れてしまっていたら，悩まず前に戻ってみてください．また，時として抽象的な説明の積み上げに，戸惑うこともあるかもしれません．親しみやすく説明したつもりですが，そんなときは，後に必要になってから詳しく読むつもりで，まずは軽く読み流したり読むのをいったん休んだりしてもかまいません．気分転換してから分かりにくかった前の説明を読み返すなどして，時間をかけて統計学の考え方を理解してほしいと思います．とくに，確率分布の見方，区間推定や仮説検定といった項目は複雑な手続に加え，大胆な発想の転換もするので，分かりにくいと思うでしょう．これらは解説項目を増やすなどして，できるだけ細かく解説したつもりですが，それでも難しいと思うかもしれません．また，これらのトピックは，統計学を理解する際の重要な分かれ道にもなるので，ここが勝負所だと思って，どんなに時間がかかってもいいので，一歩一歩ゆっくりと理解を試みて下さい．

　そうして，本書を読み終えた頃には，統計学を単なる科目として学ぶだけではなく，教養的な意義も見出すことができるでしょう．例えば，一見するとどうしたらよいのか途方に暮れてしまうような不確実性という困難にどうやって取り組むと解決できるのか，私たちの日々の判断基準である生活実感とは時に矛盾することもある社会や組織を「統（す）べる」世界観や判断基準とは一体どんなものか，といったことです．単なる計算手続ではない統計学の深い部分に触れ

て，皆さんの中に今までなかった視点が生まれれば，統計学を学んで良かったと思ってもらえると思います。

また，統計学の考え方を理解することは，経済学の上級科目である計量経済学においても不可欠です．本書の最終章は回帰分析ですが，こちらは計量経済学を学びはじめた段階での解説書としても利用できます．一般的に，科目間の接続では戸惑うことも多いと思うので，統計学と計量経済学の接続にも本書を利用して下さい．

本書は，筆者がはじめて赴任した新潟大学経済学部での 2003 年度から 2009 年度まで担当した統計学入門および計量経済学の講義ノートを元に，エッセンス部分をまとめたものです．まず，これらの講義を受講し忌憚のないコメントをくれた学生諸君に感謝します．

そして，大学院生時代から御指導頂き本書の執筆を勧めて下さった井堀利宏先生に感謝いたします．また，筆者の大学の異動時期と重なったため，進捗状況が思わしくない中，暖かい目で見守って下さり，本書の企画から校正・出版まで担当頂いた新世社編集部の御園生晴彦氏，清水匡太氏，出井舞夢氏に感謝を申し上げます．

途方に暮れるような多くの困難を驚くばかりの発想の転換で乗り越え，多くの叡智の上に築き上げられた統計学の世界観のすばらしさを理解することで，現代社会の解決不能に見える困難も，統計学と同様に発想の転換で乗り越えられるのではと読者の皆さんを勇気づけられたら，本書は十分その役割を果たしたと思います．

2011 年 1 月

川出　真清

目　次

はしがき……………………………………………………… i

学べるポイント ▶統計学の全体像

第1章　統計学の役割と全体像──転ばぬ先の杖　1

なぜ統計学に関心を持つのか………………………… 2
データを見てみよう：経済データの特徴…………… 4
データを科学的に読むときの注意点：統計学と主観… 6
データを読む難しさの根源(1)：不確実性 …………… 8
データを読む難しさの根源(2)：データのクセ ……… 10
データから何が取り出せるか：科学が示す特性値…… 12
「統べるとズレる」こともある：統計学と生活実感のズレ… 14
統計学の全体像とストーリー(1)：分析の流れ ……… 16
統計学の全体像とストーリー(2)：統計学と確率論 … 18
分かりにくいのには訳がある：統計学が難しい理由… 20

学べるポイント ▶統計学の基本

第2章　データの種類と収集方法──素材の種類と集め方から　21

あらゆるものがデータ：データの種類………………… 22
整頓されていないと使えない：データの形式………… 24
データをセットで使うとより便利：データのセット… 26

収集方法は結構重要：調査とその難しさ……………28
データを何らかの関係性で集める：有意抽出………30
データを偶然という「ルール」で集める：無作為抽出…32
偶然はデタラメか：偶然の活用法……………………34
偶然も結構大変：いろいろな無作為抽出法…………36
偶然を使うか否か：記述統計と推測統計……………38
手間が省ける公表データ：統計資料の長所と短所……40
自然科学と社会科学の統計学の違い…………………42

第3章 基本的な統計手法──統計表現の形を知る　43

データを統べる方法の要：核となる情報を表現するか…44
図にすることも統計：図やグラフによる表現…………46
表にすることも統計：分割表による表現………………48
数値による統計表現：データの状態で大きな違い……50
調査対象の情報を全て集められたら：記述統計………52
統べるとはいえ，一つではない：平均の意味…………54
数値の計算と特殊な定規：多様性の特性値……………56
変数の関係も見る：相関の特性値………………………58
実際に特性値を求めよう…………………………………60
図，表，数値，それぞれの長所と短所…………………62
「全て」が無理な現実では：推測統計と確率論　………64

学べるポイント ▶一歩進んだ統計学の考え方

第4章 確率論の基礎──確率論へちょっと寄り道　65

確率論とは何だろう………………………………………66

確率論と統計学の違い……………………………………68

確率論の基本作法：まずは基本用語から………………70

確率の考え方：ベン図から加法定理まで………………72

確率変数では期待値と確率分布が大事……………………74

関係を表す確率の表現：同時確率,周辺確率,独立性…76

確率変数とその計算：関数,期待値,平均,分散,共分散…78

期待値の意味……………………………………………………80

無相関と独立の違い……………………………………………82

離散確率変数の分布：二項分布,一様分布,ポアソン分布……………………………………………………………84

連続確率変数の分布：正規分布,t 分布,χ^2 分布,F 分布……………………………………………………………86

連続確率変数の分布の見方 (1) ……………………………88

連続確率変数の分布の見方 (2) ……………………………90

現実離れした分布を使う理由………………………………92

第5章 統計と確率の関係──推測統計の入り口　93

対象とするデータと特徴の名前：統計学の基本用語…94

確率現象と標本抽出の相似…………………………………96

模型の役割,本物との違い：母集団と標本……………98

算術平均の不思議……………………………………………100

特徴が模型と一致するか：大数の法則 …………………102

分布はどうなるのか：中心極限定理 ……………………104

2つの定理が示す意味：標本数は多いほどよい ……106

推測統計の限界と妥当性……………………………………108

学べるポイント ▶一歩進んだ統計学の分析方法

第6章　推　　定──推測統計で推し定めてみよう　109

「推し定める」とは何か：推定 …………………………110

推し定める2つの方法：点推定と区間推定 …………112

一点で推定する：点推定…………………………………114

平均値の推定 ……………………………………………116

分散の推定(1)：母平均が分かっている場合…………118

分散の推定(2)：母平均が分からない場合……………120

記述統計と違う分散の推定方法…………………………122

標本の数と自由度の意味…………………………………124

幅をもって推定する：区間推定…………………………126

区間推定の手続 …………………………………………128

母分散が分かる場合の平均値の区間推定(1)…………130

母分散が分かる場合の平均値の区間推定(2)…………132

母分散が分からない場合の平均値の区間推定 ………134

推定量も確率変数 ………………………………………136

望ましさはなぜ必要か：推定量の望ましさ …………138

望ましい推定の意味 ……………………………………140

◆簡易復習クイズ…………………………………………142

第7章　仮 説 検 定
──推測統計でいろいろな主張をテストしよう　143

様々な説をテストしよう：仮説 ………………………144

仮説はもどかしくて分かりにくい：帰無仮説と対立仮説 …………………………………………………………146

仮説をどのように確率を使って評価するか…………148
棄却できない仮説＝正しい仮説なのか …………150
基準を使って判定しよう：有意水準 …………152
仮説検定の手続…………154
母分散が分かる場合の平均値の仮説検定 (1)…………156
母分散が分かる場合の平均値の仮説検定 (2)…………158
母分散が分からない場合の平均値の仮説検定 ………160
片側検定による平均値の仮説検定 ……………162
望ましい仮説検定とは：第 1 種のエラーと第 2 種のエラー …………164
◆簡易復習クイズ…………166

学べるポイント ▶さらに発展的な統計学の分析方法

第 8 章 相関を推測する回帰分析
──計量経済学の入り口　167

より強力な統計手法：回帰分析 …………168
相関関係の表現：回帰モデル…………170
回帰分析で具体的に何ができるのか …………172
鍵は誤差項にあり：推定…………174
誤差項に関する仮定…………176
仮定する理由…………178
原理という考え方…………180
推定の仕方：最小二乗推定量…………182
仮説検定の方法：t 値…………184
実際に回帰分析をしてみよう…………186

　　　　　　　目　次

　　有用な指標：決定係数……………………………………188
　　なぜ計量経済学が必要か…………………………………190
　　それ以外の統計手法………………………………………192

文 献 案 内 ………………………………………………………195
付　　　表 ………………………………………………………198
索　　　引 ………………………………………………………201

本書で使う文字一覧

文字・読み方	用途・意味
μ：ミュー	母集団の平均（母平均）
σ：シグマ	母集団の標準偏差（母標準偏差）
σ^2：シグマ二乗	母集団の分散（母分散）
χ^2：カイ二乗	カイ二乗分布
α：アルファ	回帰モデルの定数項，有意水準など
β：ベータ	回帰モデルの回帰係数
θ：シータ	推定量の代表
ε：イプシロン	誤差項
$\wedge$：ハット	文字の頭につくと推定量と見なす
$*$：アスタリスク	文字の右上につくと母数と見なす
$\bar{x}$：エックス・バー	xの（標本）平均
i：アイ	i番目の標本
N：エヌ	標本数
$P(X)$	Xの確率関数
$f(X)$	Xの密度関数
$\mathrm{E}(X)$	Xの期待値
$\mathrm{Var}(X)$	Xの分散
$\mathrm{Cov}(X, Y)$	XとYの共分散

読み方や意味をおぼえておくと分かりやすいよ！

第1章
統計学の役割と全体像
──転ばぬ先の杖

統計学の全体像	第1章 統計学の役割と全体像
統計学の基本	第2章 データの種類と収集方法
	第3章 基本的な統計手法
一歩進んだ統計学 の考え方	第4章 確率論の基礎
	第5章 統計と確率の関係
一歩進んだ統計学 の分析方法	第6章 推　定
	第7章 仮説検定
さらに発展的な 統計学の分析方法	第8章 相関を推測する回帰分析

なぜ統計学に関心を持つのか

インターネットには，アルファベット，数字などの文字，画像，音声情報が氾濫しています。また，それを支えるコンピュータは，0と1に代表される数字情報が裏側で活躍しています。氾濫する情報の中で，その情報の所有者であるはずの自分自身でも，量が膨大すぎてその意味が分からないことも多いでしょう。そんな状況下で，重要なことを的確に把握する術はないでしょうか？

統計学は，このような関心の中で，社会科学・自然科学などの多方面で活用され，必須の科学として定着しています。本書を手にされた皆さんも，統計学で情報を活用する必要があったり，統計学を今後の生活に役立てたいと感じているのではないでしょうか？

ところで，統計学とは何でしょうか？ ずばり，統計学は文字通り，**「計って統べる」**学問だといえます。**「統べる」**という言葉はあまり見慣れませんが，**一つにまとめる**とか，**支配する**という意味です。まさに統計学は氾濫する情報群を一つにまとめて支配する術なのです。また，全体を統べることで新たに分かることもたくさんあります。濁流のように荒れ狂う情報に押し流されず，正しく支配できれば，心強い味方になること請け合いです。本書で統計学の基本を学び，その術を身につけていきましょう。

本書は「入門テキストの入門書」という位置づけで書いていますから，何が何だか分からないような難しい話はありません。ただ，習い事やスポーツにも必ずあるような，少し分かりにくい話や地味な話を，時として，本書の一部を何度か読み返して乗り越えていかなければならないこともあるでしょう。できるだけ分かりやすい説明を試みましたので，それらを何とか乗り越えて，情報を支配する基本作法を身につけてほしいと願っています。

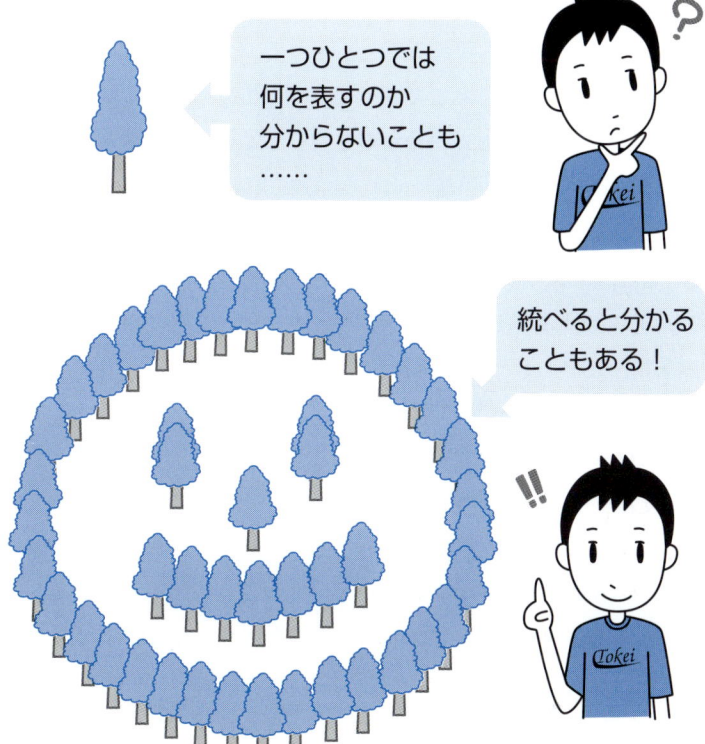

コラム 「統べる」という漢字の意味

「統べる」という言葉について,「統」を『広辞苑』(岩波書店)で引くと,「糸すじが端から端までゆきわたる」という意味で,『漢字源』(学研)で引くと,全体につながる「すじ」とか「もとづな」といった意味です。統べるとは,まさに全体をゆきわたるようにまとめるという意味の言葉だといえます。

データを見てみよう：経済データの特徴

　経済データを見てみましょう。表1-1のGDP（国内総生産）の数字を見て，何が読み取れるでしょうか？　もしこの表だけでGDPのことをいろいろ論じることができれば，相当データに慣れた人です。普通の人は何が何だか分からないでしょう。そこで，これをグラフにしてみましょう（図1-1）。すると，普通の人でもGDPは最近あまり成長していないなと思うでしょう。また，なぜか波を打っているなとも思うでしょう。経済現象は動物の脈のように波を打ったり，時々刻々変化しており，統計データはそれを映し出しています。

　次に，GDPのような大きな数字ではなく，家庭の支出を見てみましょう（表1-2）。1965年から米の支出額は上がっていますが，同時に全体の支出額自体も増えています。そこで食費全体のうちで米の支出が占める比率を見てみると，その比率は明らかに減っていることが分かります。比率というメガネを使うと，一見すると，増加している様に見える米への支出も，相対的には減少していることが分かるのです。実際，2009年まで一貫して，食費の中で米の地位は下がり続けています。

　「計り続べる」とは，**ある作法でデータを見て，対象の重要な核になる特徴をつかむこと**です。情報という馬の手綱を握るようなもので，それにはいろいろな方法があります。ただ，うまく手綱を握らないとその馬をさばききれず，振り落とされてしまいます。

　また，統計学は手綱の基本作法にすぎません。情報という馬をうまくさばくには，その情報の個性を見極め，上手に手綱をかけて，自分でコントロールする必要があります。個々のケースが違うからといって，共通する基本作法をはじめから無視しても，結局うまくいかないのは，習い事でもスポーツでも，統計学でも同じです。

表1-1 GDPの推移

(単位：10億円)

時　　点	四半期GDP	時　　点	四半期GDP
2004年 1-3月	121,302	2006年 7-9月	123,948
4-6月	124,052	10-12月	134,197
7-9月	122,116	2007年 1-3月	126,489
10-12月	130,859	4-6月	128,475
2005年 1-3月	121,464	7-9月	125,455
4-6月	125,235	10-12月	135,101
7-9月	122,847	2008年 1-3月	126,620
10-12月	132,189	4-6月	126,242
2006年 1-3月	122,916	7-9月	122,240
4-6月	126,304	10-12月	130,011

(出所)「国民経済計算確報（平成20年度版）」

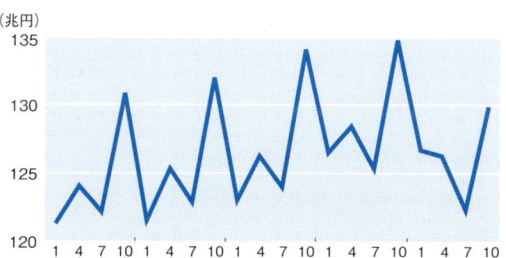

図1-1　GDPの推移

経済の生産活動を表すGDPをグラフにするとまるで心電図のようだなぁ

表1-2 食費に占める米への支出割合

	食費の年間支出(円)	米の年間支出(円)	米の占める比率(%)
1965年	232,305	40,387	17.39
1970年	346,145	41,890	12.10
1975年	649,887	56,004	8.62
1980年	867,393	70,043	8.08
1985年	957,528	75,302	7.86
⋮	⋮	⋮	⋮
2009年	901,635	31,170	3.46

(出所)「家計調査年報（各年版）」，2人以上の非農林漁家世帯対象

米の支出は現在かなり減っているけど，増えているように見える昔でも比率に直すと減っているのが分かるね！

データを科学的に読むときの注意点：統計学と主観

　株の相場師のような，データを読むカリスマがいるとします。その人は株価を眺め，ある予言をしてそれをよく当てるとしましょう。そのような人は，まさに情報を読む天才です。

　一方，統計学の学習は残念ながら，そうした天才的な能力を身につける学問ではありません。その意味で皆さんを落胆させるかもしれませんが，統計学はデータを読むテクニックや勘の寄せ集めではなく，データ全体の性質を体系的に理解する「科学」です。科学とは，理論的作法に則れば，誰でも情報を統べることができ，その手続も明瞭で，誰でも論理的に検証可能です。これが，**統計学は科学である**という意味です。統計学はデータのカリスマ的な技でなく，透明性と合理性を持つ，社会の知的共有財産なのです。

　なお，一つの統計分析の結果は善悪といった価値評価や自由な解釈も可能です。楽観的な人と悲観的な人で判断が違うように，その判断も多様です。データを読むカリスマは独自の分析手法と，独自の価値判断で予言をします。一方，**統計学は科学的手続に則り，価値判断を差し挟まない客観的な特徴を表す分析結果を提示して，価値判断の材料を与えるだけ**に留めます。そこから先の価値判断は皆さんの目利き（主観）にかかっているのです。

　したがって，統計学には2つの段階があります。まず，データを価値判断抜きで計って統べる，まさに「統計」をする段階，次にその結果を各自の価値観に基づいて冷静に判断し，利用する段階です。統計学でデータを読み取る際，この2つの段階を分けて適切に行うことが重要です。データは七色に輝くとか，データは嘘をつくといいますが，不正なデータ処理を除けば，データを適切に活用できない理由には多様な主観や価値判断にも原因があるのです。

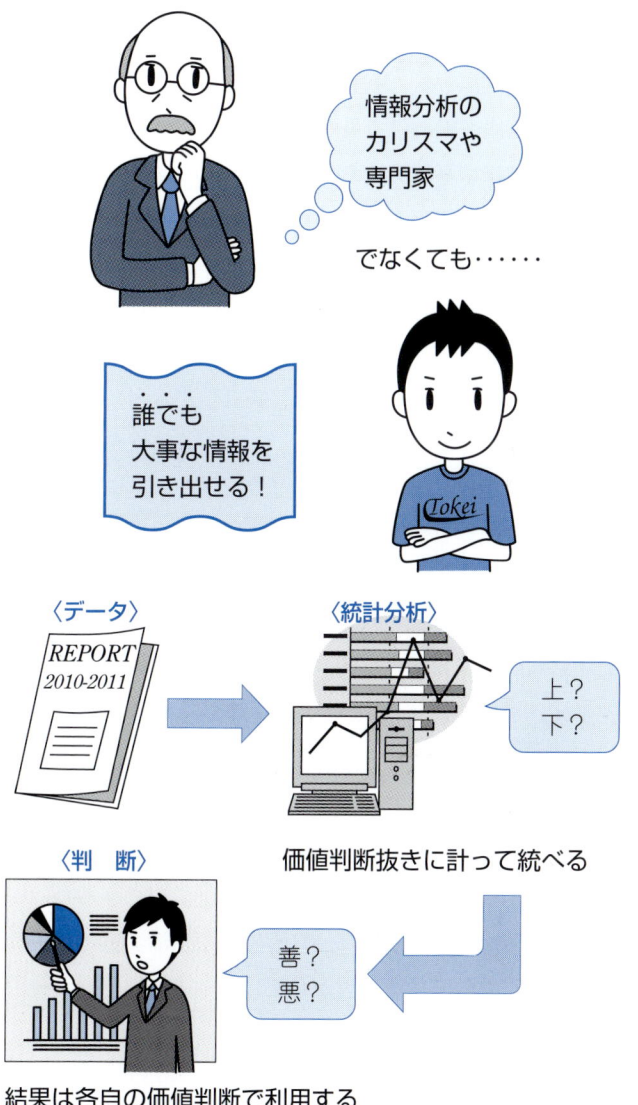

データを読む難しさの根源（1）：不確実性

　主観以外に，データを読み取る上で妨げになる困難はあるでしょうか？　実は統計学には，避けることのできない2つの難しさがあり，これらの克服が統計学で最も重要なテーマでもあります。

　まず，統計学には<u>不確実性の問題</u>があります。不確実性によって天気予報もGDP予測も（残念ながら）必ずといっていいほど外れてしまいます。仮に統計学で正しい情報をつかめたとしても，確実な予言はできません。この不確実性のために，絶対確実なことは分からないのが統計学の1つめの困難です。統計学に関心はある一方，統計学の予想はよく外れるので，統計学が本当に重要なことをとらえているのかと疑念が湧くのは，この不確実性が原因です。一方，絶対完璧でなければ使わないのでは大事な手段を失います。統計学の有効性と限界を理解して長所を活用する姿勢は重要です。

　ところで，統計学は不確実性に翻弄される無益な営みなのでしょうか？　けっして，そうとはいえません。仮に一回一回で外れるとしても，長期的に見れば，核になる特徴が浮き上がってくるのです。これがまさに「統べる」ことで，統べるという言葉の意味は，長期や全体の状況を支配することで，短期や細かなことにこだわらないことです。すなわち，統計学はデータ理解の帝王学なのです。

　不確実性は，結果を得た後だけでなく，結果を得るときにも障害になります。不確実に満ちた状況下で，統計学ができるだけ安定的な核となる特徴をとらえるには，日常感覚や生活実感とは違う見方や考え方，複雑な数学的な処理が必要になります。それが統計学の分かりにくさの大きな原因の一つです。

統計分析の結果も一つひとつはクジのように不確実があって、予想は困難だけど……

統計学は、何度も繰り返したあとの、全体の核となる特徴に着目する……

ハズレ	残念賞	三等賞	二等賞	一等賞	特賞
○○○	●●	●	●	●	●
○○○	●●	●	●	●	
○○○	●●	●	●		
○○○	●●	●	●		
○○○	●●	●			
○○○	●●				

統べるとは一つひとつの小事にこだわらず、大局である全体を基準に考える見方なのじゃ！

🌐 データを読む難しさの根源(2):データのクセ

　もう一つの困難として,データのクセというものがあります。ここでの「クセ」とは都合が悪いという意味だと考えて下さい。当然,データにとって,良くないクセがあるといわれるのは失礼な話で,分析者が勝手に都合が悪いのでクセと呼ぶにすぎません。

　では,クセとは何でしょうか? 図1-1で見たGDPの波を思い出すと,GDPの波は四半期ごとにほぼ同じようなパターンで毎年繰り返されます。一方で,長期的なGDPの性質を見たい場合,この波の動きが間違った理解を与えてしまいかねません。また,バブル景気などの一時的な大変化,アンケートや加工処理の過程が原因のデータが持つ一定の数値的傾向なども,データのクセと呼び,統計学ではこの錯覚を引き起こしかねない要因として除去します。

　当然,そのデータ全てが社会現象を表すので,これを単純に除去するのは妥当ではないかもしれません。しかし,分析の際に関心とは異なるデータの動きを誤解して分析を間違えないことも大切です。

　まとめると,データのクセとは,分析する際に**錯覚を与えかねないデータの変動要因**のことです。通常,統計分析ではそれを除去する必要があります。とくに,経済学は自然科学と違って,データが様々な要因の組合せで生み出されているため,クセへの注意がひときわ必要になります。そして,これが計量経済学と呼ばれる学問領域が統計学から発展している理由にもなっています。

　統計は前節で先に述べた不確実性に加え,データにクセがあるため,一層理解を困難にしています。入門書である本書では,データのクセの除去を学びません。しかし,今後高度な内容を学ぶ際に,今の内容が不確実性を処理しているのか,クセを処理しているのかに注意すると,難しいことも分かりやすくなるはずです。

データを読む難しさの根源 (2): データのクセ

データには様々な影響が混ざり合っている。関心のないデータの動きに、惑わされないことが重要だ！

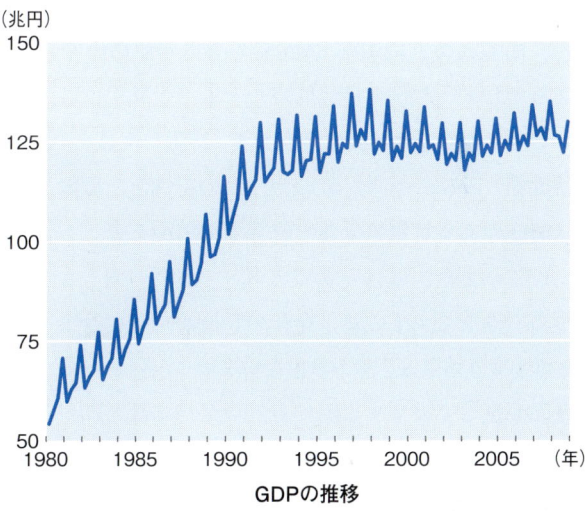

GDPの推移

一体、どうやったら惑わされなくなるのかなぁ……

🔵 データから何が取り出せるか：科学が示す特性値

統計学は「計り統(す)べる」学問だと述べました。また、その際には核となる特徴をつかむことが重要だと述べました。では、その特徴とは一体何でしょうか？　それは、皆さんも日常生活で見たり聞いたりしたことのあるいくつかの指標です。

例えば、平均です。平均はテストの平均点や平均身長など、日常でもよく使われる指標です。また、データの多様性を示す分散や、偏差値として有名な標準偏差という言葉も聞いたことがあるかもしれません。働く人の上位10%や20%の人の年収はいくらかも気になるところでしょうし、合格最低点なども、受験生には強い関心があるでしょう。これらの特徴を表す値を「特徴や性質を表す」という意味の特性値と呼び、調査対象のデータの特性値を母数(ぼすう)と呼びます。

母数は関心のある対象の全体を見る際の特徴を表します。統計学では、この特徴を表す母数を求めます。すると、個々人の結果やその背景事情ではなく、その対象全体の特徴が見えてきます。例えば、対象全体が「できること」や「できないこと」が分かってくるでしょう。皆さんが選挙で投票する際にも、今、日本はどれぐらいの生産力を持つのか、経済成長率や所得格差がどの程度なのかなどが分かれば、投票に必要な様々な政策の判断に役立つでしょう。

右頁に、代表的な指標を先取りして示しました。一見、無機質に見えるこれらの指標ですが、使い方次第では有益な情報が得られる、まさに目のつけ所です。それをどのように活かすかは自分次第ですが、統計学はその材料を提示してくれます。

難しい統計分析も、「母数を知ること」を目的とすることがほとんどです。奇想天外なことが目的ではないので、分からなくなったら、統計学の目的という基本に立ち返ることが大切です。

統計学は特徴を知るのが目的

▶例えば……

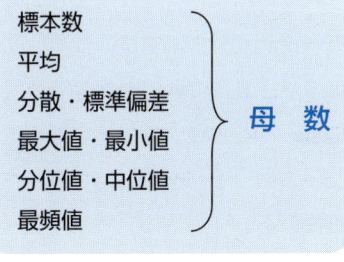

と分かる！

▶統計のデータ全体を表す特徴は

標本数
平均
分散・標準偏差   } 母　数
最大値・最小値
分位値・中位値
最頻値

で表現できる！

●「統べるとズレる」こともある：統計学と生活実感のズレ

　統べることは「ズレる」ことでもあります。何からズレるのかというと日常の一人の生活者の実感です。統計学で統べることは「理解」という手段で，データ全体を支配することです。この視点は，それぞれの個別事情もある，支配される側の感覚と違うこともあります。無理に支配される側の見方で支配する側の考えを理解しようとしても納得できないことは多いでしょう。けれども，あえて統べる側に立って，理解しようとすることは重要です。

　例えば，平均は真ん中の値のように考える人が多いと思います。確かに真ん中の値の場合もありますが，それは逆にめずらしく，違うことも多いのです。例えば，自分の年収が社会の平均年収と同じだから中流だと思うのは間違いで，平均年収は通常真ん中の所得よりも上であり，もしかすると平均所得の人は上流かもしれません。すなわち，平均は中間ではなく，日常感覚とはズレた概念なのです。では，平均は何かというと，重心であり見積（みつもり）の値です。後述しますが，支配する人にとっては，見積である平均は大変重要な概念です。

　また，後に学ぶ<u>推定</u>という計測方法，<u>仮説検定</u>という判定方法は日常感覚とズレた考え方をします。統計学は単なる計算作業ではなく，この考え方を理解することが重要なのですが，統計学が嫌になるのはこのズレた考え方についていけないことによる場合が多いのです。一方で，今日では実際の統計分析の計算はパソコンのソフトウエアがさっとやってくれるので，裏側で難しい問題を上手に処理してくれているだろう程度に思ってしまいがちです。しかし，道具である統計学が全く分からないのに，それを過信して使ってしまうことが最も危険で，大きな間違いをしているのにそれを気づかないこともありえますから，統計学の正しい理解が重要なのです。

「統べるとズレる」こともある：統計学と生活実感のズレ　15

▶例えば······

▶それと同じで······

🔵 統計学の全体像とストーリー（1）：分析の流れ

　統計学の分析手続と一般的な統計学を学ぶ順番は，ほぼ対応しているので，分析手続の順番をみていきましょう。まず，素材になるデータを集めなければなりません。その際にはいくつかの作法があり，それに従わないとその後の作業ができません。次に，集めたデータを計りますが，データの集まり方で分析方法が変わります。分析対象のデータが全て収集できる場合は，確実なことが分かるのでそのまま集計します。もし，分析対象のデータが一部しか収集できない場合は，母数を推測しなければなりません。推測では，まずデータから母数を推し定めるという意味の推定をします。推定の後や，推定を使って様々な説を検証したい場合には，検査して判定するという意味の仮説検定をします。なお，推定や仮説検定では，先に学んだ不確実性の問題がクローズアップされます。

　なお，手続は一部省略されることがあります。社会科学では，とくにデータの収集です。例えば，経済データの場合，本来は分析者自身が各家庭に調査に行ったり，企業にアンケートしなければなりません。しかし，分析者がたくさん調査をするとなると大変な手間で，現実には不可能です。普通はどうするのかというと官公庁や信頼できる民間機関が公表する統計資料を借用します。ただ，これも単純に利用すればよいというものではなく，データのクセという落とし穴がありますから注意が必要です。

　まとめると，データを集める，集計する，または推定・仮説検定するが一連の作業だと思って下さい。推定の後になお，仮説検定しなくても……と思うかもしれません。ただ，単に推定するだけでもいいですが，仮説検定をして推定結果にある程度の妥当性を与えるのが，現代の統計分析の一般的な方法論になっています。

統計学の全体像とストーリー (1):分析の流れ

統計分析の手続はこんな感じ

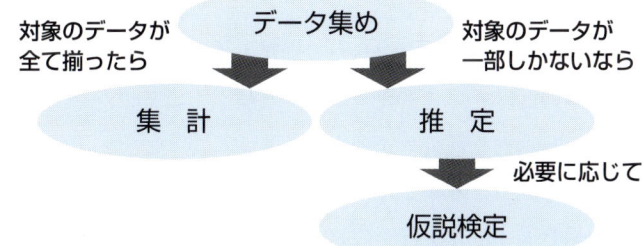

統計学を学ぶ順番

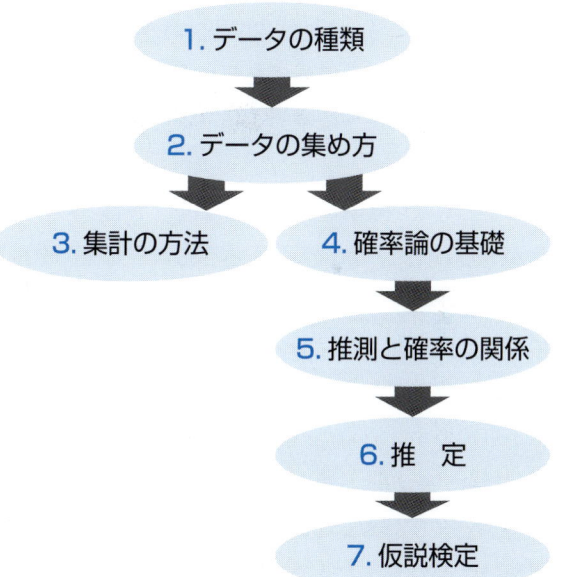

統計学の全体像とストーリー（2）：統計学と確率論

　実際の統計分析の中で，調査対象のデータが全て収集できることはめずらしく，データ収集の際の不確実性を避けては通れません。そのため，**確率論**が大変重要になります。確率論は不確実性に満ちた現象を理解し，不変で安定した規則性を発見する学問です。統計学は確率論の助けを得て，大きく発展しました。そのため，本書でも確率論の基本的な理論や定理を学びます。

　本書の確率論では**確率**と呼ばれる確からしさの約束事から始まり，確率の関係を表す計算，確率の特徴を表す**期待値**という考え方，いくつかの**確率分布**を紹介します。それらをふまえて，不確実性に満ちた確率の世界の中で，安定的な性質が生まれるという，とても重要な2つの定理を簡単に学びます。期待値，確率分布，そして重要な2つの定理（大数の法則と中心極限定理）が，統計分析で上手に利用できることを理解する準備になります。確率論のエキスパートにならなくても，確率論の基本的な事項は理解しないと，現代の統計学は分からないのです。

　確率を必要としない統計分析もあります。そちらの方が簡単そうだと思うかもしれませんが，先にも述べた調査対象のデータが全て収集できることが確率を使わない条件となります。例えば，日本に住む人の平均身長を知りたい場合，日本に住む全ての人の身長データが必要になります。調査対象の全てのデータを集めるのは数が多いとほぼ不可能です。そのため，全てのデータを集めて集計するという統計分析は，それほど多く使われません。一方，調査対象のほんの一部のデータしか集まらない，不確実性が伴った統計分析をせざるを得ないことの方が大多数なのです。

統計だけではできないことも……

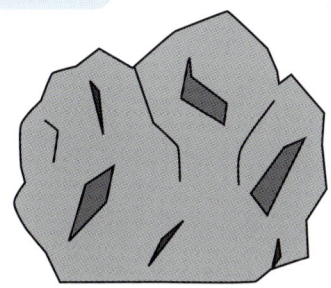

確率論があれば一気に解決！

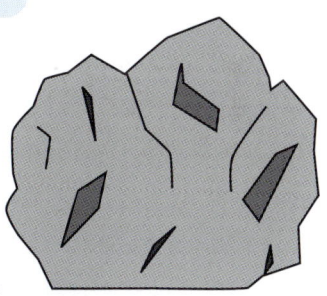

コラム　"statistics" という意味の由来

　日本語の統計学を意味する英語の"statistics"という言葉にはどのような由来があるのでしょうか？『英語語義語源辞典』（三省堂）によれば，ドイツの統計学者ゴットフリート・アッヘンワル（1719－1772）が近代ラテン語"Statisticus"という言葉から，"Statistik"と造語したことに由来すると書かれています。近代ラテン語の"Statisticus"は英語の"state affairs"＝「国務」を表す意味で，転じて，"Statistik"は「政治学」を意味したようです。後に述べるように統計学は自然科学からではなく，国家を運営する社会科学から生まれたのです。

🔵 分かりにくいのには訳がある：統計学が難しい理由

統計学をこれから詳しく学ぶうちに，分かりにくいと思うことが多々出てくると思います。なぜそうなるのかというと，統計学が元々分かりにくい「不確実性」を相手にしているからです。

もし不確実性に簡単に対応する方法があれば，統計学は難しくなりません。しかし残念ながら，不確実性は真正面からはとらえにくく，現実的でない仮想の設定や発想の転換といった搦め手からのアプローチが必要です。そのため統計学の理論は，一体なぜこのような考え方をするのかと面食らうことも多く，さっぱり分からなくて，理屈は無視して計算手続だけ丸覚えする人もいます。入門段階は，その方法で乗り越えられますが，基本が理解できていないと，高度な内容に進んだ段階で，結局挫折します。統計学の意義を理解するためにも，不確実性という厄介な相手をどんな知恵でどう攻略したか，本書をじっくり読み返して理解して下さい。

本章は，次のように要約できます。まず統計学はデータ全体の特徴を計って統べることが目的です。その際は価値判断を差し挟まず，科学的手続で調査対象の情報の特徴をつかむことが主眼で，完全な予知が目的ではありません。そして，統計分析は決められた方法でデータを集めて，集計または推定や仮説検定をするという手続で行われ，データ収集の度合いで，分析方法も変わります。調査で頻繁に遭遇する調査対象の一部のデータしか集まらない場合は不確実性という厄介な問題を処理するための確率論が必要です。

これで統計学の世界で迷子にならない程度に，大まかな全体像や道筋が分かったのではないかと思います。もし途中で分からなくなったら本章に戻り，統計学は何をしたいのか，今読んでいる章は何がしたいのかを確認して下さい。では，本論に進みましょう。

第2章
データの種類と収集方法
──素材の種類と集め方から

統計学の全体像	第1章 統計学の役割と全体像
統計学の基本	**第2章** **データの種類と収集方法**
	第3章 基本的な統計手法
一歩進んだ統計学 の考え方	第4章 確率論の基礎
	第5章 統計と確率の関係
一歩進んだ統計学 の分析方法	第6章 推　定
	第7章 仮説検定
さらに発展的な 統計学の分析方法	第8章 相関を推測する回帰分析

あらゆるものがデータ：データの種類

統計学でのデータとは，何でしょうか？ 身長，体重から，名前，気温，本の感想まで何でもデータとなります。ただ，その扱いやすさの程度が違います。そのデータの種類を分類しましょう。

データの扱いやすさの程度は，あるデータと他のデータとの違いをどう表現できるかに依存します。統計学には4つの分類があり，データ間の違いしか意味がないものを**名義尺度**，違いが順番の意味になるものを**順序尺度**，順序尺度の性質に加えてデータの間の差異が量の意味になるものを**間隔尺度**，差異の量に加えて，差異の比率に意味を持つものを**比例尺度**といいます。

例えば，お菓子などで10％増量のような重量は比例尺度，2010年のような年号は比率にできないので間隔尺度，様々なランキングの順位やアンケートでの「好き」「どちらでもない」「嫌い」などは順序間の差には意味がないので順序尺度，名前や社員番号などは違いだけしか意味がないので名義尺度となります。

比例尺度は数値としても，比率としても，順序としても使え，オールマイティです。一方，名義尺度は数字を与えても，それは学籍番号，社員番号と同じで数値に意味はなく，個体が異なる点だけに意味があります。そのため，比例尺度は情報が多く，名義尺度は少ないといえ，様々に使える比例尺度の方が扱いやすいでしょう。

肉，魚，野菜のように素材の性質が違えば，料理の仕方も違うのと同じで，データも性質が違えば統計の方法も少しずつ変わってきます。本書では主に比例尺度のデータで使う分析方法を学びます。高度な分析ではそれぞれのデータの特徴を使った分析方法がありますので，自分が使っているデータの性質に対応したよりよい分析方法がないか，注意して分析をするようにしましょう。

あらゆるものがデータ：データの種類

どんなものでもデータになる

- 山田，田中，佐藤……：名前でも
- うみ，ヤマ，川，Sun……：文字でも
- 1，-6，3.14……：数字でも
- 赤色，♪，甘い……：色でも，音でも，香りでも……

データの種類は4つある

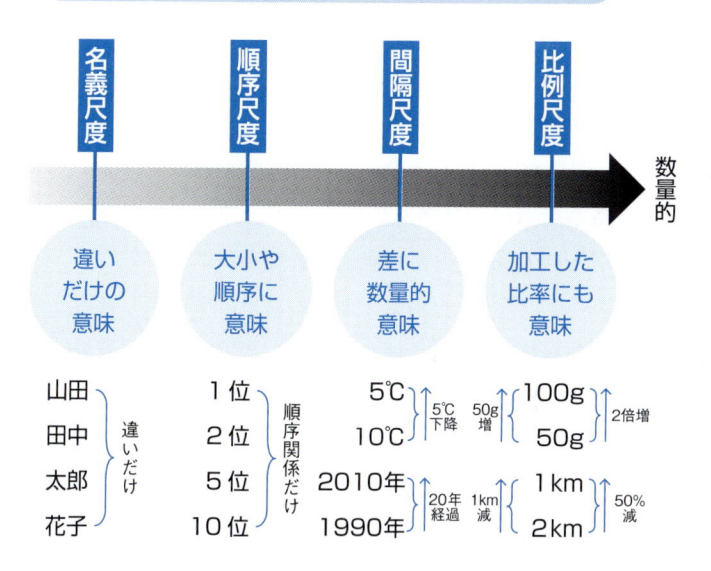

名義尺度	順序尺度	間隔尺度	比例尺度
違いだけの意味	大小や順序に意味	差に数量的意味	加工した比率にも意味
山田 田中 太郎 花子 （違いだけ）	1位 2位 5位 10位 （順序関係だけ）	5℃ 10℃（5℃下降） 2010年 1990年（20年経過）	100g 50g（2倍増, 50g増） 1km 2km（50%減, 1km減）

→ 数量的

🔵 整頓されていないと使えない：データの形式

何でも素材になるといっても，統計学で使うためには，データが整理・整頓されていなければなりません。統計学は偶然に満ちた混沌としたデータの中にある規則性を見つけ出す科学です。しかし，データ自体が全く整理されておらず，混沌としていると使うことができません。ある形式に従ってデータが整理されてはじめて，規則性を探す作業に移ることができます。なお，上級の内容に進むとそれぞれの整理の仕方に応じた固有の分析方法もあります。

最も基本的なことは決められたテーマのデータを集めることです。例えば，体重のデータを集める場合に，体重の代わりに時々身長のデータが混ざってはいけません。決められたテーマのデータを集めていることがデータ整理の第一歩です。その上で，整頓の仕方は，ある対象をある時点に限り，多くの種類をどさっと集めるか，種類を限って時間をかけて集めるかの2つに大きく分けられます。

まず，**ある時点に限り多くの対象のデータを集める方法**です。2010年の各国のGDPや5月に実施された定期試験のあるクラスの各学生の得点などです。一時点で多くの対象のデータを集める形式を横断データ（クロスセクションデータ）といいます（表2-1）。

もう一つは，**ある対象に限り複数の時点のデータを集める方法**です。例えば，1980年から2008年までの日本のGDPや自分の1年ごとの身長などです。特定の対象のデータを複数時点で集める形式を時系列データ（タイムシリーズデータ）といいます（表2-2）。

また，横断データと時系列データの両方の性質をあわせた，**複数対象に限定して，複数時点のデータを集める方法**もあります。これをパネルデータといいます。パネルデータでは政府や企業などが特定の人々に定期的かつ長期間なアンケートをしながら集めます。

統計学でも整理・整頓が大事

データはちゃんと整理・整頓しないと使えないよ！

表2-1 横断データ

2010年5月10日実施のテスト点数	数学の点数
A太郎さん	90 点
B子さん	95 点
C太郎さん	30 点
D子さん	60 点

時点を固定して，複数対象のデータを集める

表2-2 時系列データ

誕生日に測定	A太郎さんの身長
1 歳	70 cm
2 歳	81 cm
3 歳	92 cm
4 歳	100 cm

対象を固定して，複数時点のデータを集める

コラム 「統計学」という言葉の由来

統計学は"statistics"として江戸時代の末期に日本へ輸入されました。明治時代初期に，「政表学」「寸多知寸知久（スタチスチク）」などの様々な翻訳が提案されたようです。一方，当時「統計」は合計の意味で使われたようです。しかし今では，まさに計り統べるという意味で統計が使われています（参考：総務省統計局ウェブページ http://www.stat.go.jp/teacher/c2epi2.htm）。

データをセットで使うとより便利：データのセット

データの種類や形式以外にも知っておくべきことがあります。それは，データは**セット**で扱うと便利だということです。例えば，身長のデータを横断データにしろ時系列データにしろ，集めたとしましょう。それ自体は有益な情報です。しかし，体重の情報がさらに加わったらどうでしょうか？ 身長と体重は別々に決まるものではなく，ある程度関連性があると考えるのが妥当でしょう。また年齢や性別などがあると，より複雑な関係が分かるでしょう。データはセットにすると，データ間の関係を見ることが可能になります。統計学ではデータ間の関係を，相互関係を意味する**相関**と呼びます。

統計分析をする際には，1種類だけのデータでなく，複数の異なる種類のデータをセットにすると，相関の分析もできて有益です。統計学では，あるクラスの各生徒の横断データや自分の毎年の時系列データなど，1種類だけのデータを集めたものを**1次元データ**といいます（表2-3）。それに対して，横断データでも時系列データでも，身長と体重のように2種類のデータをセットで集めた場合を**2次元データ**といいます（表2-4）。さらに，身長と体重に，性別が加わると**3次元データ**へと増えていきます（表2-5）。2次元以上のデータは**多次元データ**と呼ぶこともあります。

多次元データはより高度な分析に有益な素材となります。1つの対象に複数種類のデータがあることは，不要ならば使わなければよいので，多く持っていて困ることはありません。より多次元であるほど，より複雑な統計分析が可能となるので，データを集めるときはできるだけ多次元データになるように配慮したり，統計分析の際も不要でもできるだけ多くの次元のデータを持っておくと，いざというときに活用でき，助けられることもあります。

表2-3 1次元データ

	身長
A太郎さん	160cm
B子さん	158cm
C太郎さん	172cm
D子さん	150cm

1つのデータより……

表2-4 2次元データ

	身長	体重
A太郎さん	160cm	62kg
B子さん	158cm	55kg
C太郎さん	172cm	71kg
D子さん	150cm	52kg

2つのデータの方が……

表2-5 3次元データ

	身長	体重	性別
A太郎さん	160cm	62kg	男
B子さん	158cm	55kg	女
C太郎さん	172cm	71kg	男
D子さん	150cm	52kg	女

より詳しい3つのデータの方が……

> 組み合わせた情報は相関関係も分かって意味合いが「深く」なる。多くの次元を持つデータなら，全てを使うこともできるし，必要なものだけに絞ることもできる。

コラム 相関と因果

統計学は因果関係ではなく，相関関係を評価します。「相関」とは相互に関係し合うことを指します。一方，「因果」は先行する原因が起きたとき，結果が引き起こされる関係を指します。統計学は，相互の関係だけに注目して，前後関係とつながりを含む因果関係にまでは踏み込めないことを注意しましょう。

なお，因果関係などがないのに統計的には相関関係があるように見えることを「見せかけの相関」といいます。

収集方法は結構重要：調査とその難しさ

統計学の素材であるデータはどのように収集したらいいのでしょうか？ 料理と同じで素材が悪いと良いものはできません。そのため，統計学ではデータの集め方にも**作法**があります。

まず，社会科学や人文科学のデータの集め方は，自然科学が実験を使うのに対して，主に**アンケート調査**です。アンケートは人を相手にするので非常に厄介です。例えば，最初に独身と答えたのに配偶者の年齢を答えたり（**矛盾回答**），今より昔を美化して回答したり（**虚偽回答**），また，偶然か意図的かは分かりませんが，ある設問を飛ばして答えること（**欠損回答**）も多く見られます。質問文や選択肢のニュアンスの違いで答えがコロコロ変わることもあります。これらはアンケートの設問の設計によって対処します。

さらに，アンケートの内容とは関係のない課題もあります。例えば，**対面式のアンケート**の場合，アンケートの内容に利害関係があると回答者が察知すると，回答者は質問者の利益になるような答えをしてしまう傾向があります。また，政策に関するアンケートなどでは自分の考え方とは別に，戦略的に今どのような答えをすれば自分にとって今後有利かを考えて回答することもあります。そのため，アンケート方法の選択にも注意が必要です。

次に重要なのは，調査できた対象の数です。調査対象全員となる全ての人に確実に答えてもらえれば最も望ましいでしょう。調査対象全てに調査することを**全数調査**といいます。ただ，現実的には全数調査は数が大きすぎるとほぼ不可能です。その場合，調査対象の一部に答えてもらうことになります。これを**標本調査**といいます。標本調査では誰から集めたかがとても重要です。全数調査とは異なり，集め方の作法が標本調査では非常に重要になるのです。

収集方法は結構重要：調査とその難しさ　　　29

データの集め方は……

文科系は「アンケート」が主な手段

理科系は「実験」が主な手段

アンケートは実際大変……

困ったなぁ

昔は良かった

もう，忘れたけど，適当に答えちゃえ！

少しだけど，やっと集まった

調査対象のデータを……

全部収集 ➡ 全数調査

一部収集 ➡ 標本調査

🔵 データを何らかの関係性で集める：有意抽出

データは統計の素材なので、集めなければ統計分析はできません。統計学では、データを選んで得る行為を抽出、集めたデータを標本といいます。実際に集めてみるとすぐに分かりますが、例えば、街中でいろいろな人々に「好きな食べ物は何ですか？」と聞いてみるとほとんどの人が答えてくれないと思います。何か怪しげな勧誘でもはじめるのでは？ と警戒されるのが普通です。

そこで、知りあいの人に聞くことを考えてみましょう。知りあいならアンケートの目的を話せば大体の人は好きな食べ物くらいなら答えてくれるでしょう。しかしながら、深いプライベートの情報は近しい関係であればなおのこと、教えてくれないかもしれません。そうなると、知りあいでもデータ収集は簡単とはいえません。

また、この集め方には大きな欠点があります。本人が細心の注意を払っても起きる標本の歪みという問題です。もしあなたが男性だとして、知りあいや親戚に聞いて回ることを考えてみましょう。大抵の男性の知りあいというのは女性よりも男性の方が多いと思います。確かに女性の知りあいもいると思いますが、その比率は調査の対象となる性別の比率よりも大きく違う可能性があります。また、親戚の場合は自分よりも高い年齢の人も多いですから、低い年齢の人に聞くことが難しいのも問題です。

知りあいや人づてに調査を行ったり、調査者の独自のルールに基づいて標本を抽出することを有意抽出といいます。有意抽出は用いたルールによる情報の歪みが出てきます。また、プライバシーなどは、知りあいや親戚だからこそ、逆に情報が得にくい部分もあるでしょう。結局、見ず知らずの他人に不特定の情報を聞けるような方法論が必要です。

データを何らかの関係性で集める：有意抽出　　　31

> 関係性を利用するなど条件をつけて聞くこと＝有意抽出

▶知りあいのつてを使って聞く

「次は，隣の家の○○に聞くといい」

「次は，親戚の△△に聞くといい」

▶報酬などで誘って聞く

「アンケートに答えると図書券500円分をさしあげます」

「もらえるなら，答えてもいいかな」

▶自分の好みで聞く

「格好いい！答えてくれそう！」

データを偶然という「ルール」で集める：無作為抽出

　知りあいや親戚といった関係性を使って標本を集めることは望ましくないと分かりました。では，統計学はどのように標本を集めればよいでしょうか？　それは偶然です。いかにも科学らしい，偶然という全くおぼつかないものを活用する発想の転換をします。

　偶然を使う場合，特定の誰かではなく，偶然で選んだ人にアンケート調査に答えてもらうことになります。知りあいに答えてもらう場合などを有意抽出と呼ぶのに対し，偶然を活用する場合は無作為抽出と呼びます。無作為とは意図が無い偶然という意味で，有意とはここでは意図が有るという意味です。なぜ偶然でなければいけないのかは後ほど学びますが，偶然に選ぶことはある特定の個人のプライバシーを聞きたいのではなく，あくまでも個人と関係ない不特定の人たちの情報を聞きたいという意味でも重要です。無作為抽出では，街中でもどこでも，偶然に選んだ人たちに，断られる覚悟でたくさん調査し続けて，できるだけ大きな標本数になるまで，根気強く収集する必要があります。したがって，偶然を使って選ぶ際には，非常に多くの調査をすることも必要です。

　はたして，偶然を使ってデータを集めて本当に大丈夫なのでしょうか？　実は，まさに偶然でなくてはいけないのです。偶然は何が起こるか分からないデタラメなんだから，信用できないと思うかもしれません。しかし，これから学んでいくように，偶然は必ずしもデタラメではありません。逆に規則正しい部分があり，そこを利用するのです。すなわち，統計学は，偶然という「ルール」を使って分析を行うのです。そこで，その偶然の中にあるルールを知るために，偶然を専門的に扱う確率論を学ぶのです。

データを偶然という「ルール」で集める：無作為抽出

偶然を使って集めること＝無作為抽出

こんな聞き方で大丈夫？
偶然とはおぼつかない方法だなぁ

▶偶然はデタラメ？

偶然には「ルール」があり，デタラメではない

⬇

確率論を学ぶ必要がある！

偶然はデタラメか：偶然の活用法

偶然はデタラメなのでしょうか？「デタラメ」とは，首尾一貫せずいい加減という意味です。一方，偶然は必ずしもデタラメではなく，それは確実さが低いだけのきわめて規則的なものといえます。確かに，偶然の中には，全く規則性のないものもあるかもしれませんが，偶然の本来の意味とは，**確実な因果関係がなく予知できないことが起きること**です。因果関係が不明で予知できなくても，不規則とまではいっていないのです。すなわち，予知不可能でも規則性があるのです。当然，不規則なものは因果関係も不明で予知もできません。そのため，偶然＝不規則と単純化してしまいがちですが，そこで見落とされてしまう規則的な偶然に注目したことが，確率論という大きな進歩へとつながります。

したがって，偶然の中にある規則性を発見し，論理的に理解するのが確率論です。また，確率論も，学問である以上，規則性が非常に重要なのです。学問にとっては，デタラメだと思っていたものの中に規則を見出したことが，大きな発見です。

では，規則性と確実な因果関係はどう違うのでしょうか？ 確実な因果関係があれば，要因となる条件が全て分かれば事前に確実な結果が分かります。一方，規則性は予知できなくても，その後の結果で規則が守られていれば規則性があるといえます。したがって，規則性に予知や確実な因果関係は必要ありません。

ところで，統計学は予知が目的の学問でしょうか？ 外れる可能性のある「予測」はしますが，主な目的はあくまでも規則的な関係の計測です。統計分析の結果は，1回の予測が外れても，同様の事柄を複数回繰り返せば，ほぼ規則性に合う結果が得られます。統べるとは1回にこだわらず，複数回による規則性に関心を持つのです。

「偶然」と「デタラメ」

- デタラメとは……「一貫性がなく,メチャクチャな」こと
- 偶然とは……「因果関係などで,予知できない」こと

デタラメな偶然もあるかもしれないが,
予知できなくとも規則的な偶然もある。

⬇

因果関係がなく,予知できなくても,
規則的な偶然が存在する。

⬇

例えば,サイコロの出る目を予知
できなくても……

出る目の割合の
見積はつけられる。 ← これが規則性!!!

サイコロの目	1	2	3	4	5	6
出る割合	$\frac{1}{6}$	$\frac{1}{6}$	$\frac{1}{6}$	$\frac{1}{6}$	$\frac{1}{6}$	$\frac{1}{6}$

偶然も結構大変：いろいろな無作為抽出法

偶然に選んだ人たちに，断られる覚悟でたくさん調査する必要があると先に学びました。でも，調査に疲れてくると全くの偶然で選ぶのが面倒になり，答えてくれそうな人を選びがちです。これでは偶然でなくなってしまいます。調査するのも大変ですが，偶然に選ぶのも結構大変なのです。最も偶然なのは対象者の整理番号をつけた名簿を作り，その番号をサイコロなどで偶然に選ぶことです。これを**単純無作為抽出法**といいます。しかしこれも，必ずしも答えてくれるとは限らない状況で何度も何度もサイコロを振ると，それだけで疲れ切ってしまいます。

そこで機械的に偶然を大量に作り出そうと考えます。選ぶ対象に整理番号をつけた名簿を作り，最初の標本を決め，その後は等間隔で標本を抽出します。こうすると，名簿作成は手間ですが，最初の標本と等間隔の数字を偶然で選ぶだけで，少ない手間で機械的かつ大量に偶然を作り出せます。これを**系統的抽出法**といいます。

ただ，これでも標本に整理番号をつけた大きな名簿が必要なので，名簿を作る範囲を限定するために，やはり偶然を使っていくつかの都道府県や学校というグループを選びます。再びその中の市町村やクラスを偶然を使って選ぶと，より対象を小さくできます。そして適度に小さくなったグループの全てを調べるか，グループの名簿を作り，偶然によって抽出します。このように偶然によってグループ単位で対象を絞り込む方法を**多段抽出法**といいます。

多段抽出法の欠点は，選ばれたグループに年配者が多かったり，女性が少なかったりしてグループの構成が本来の調査対象の構成に対し大きく偏ることがある点です。そこで，あらかじめ構成比を考慮して抽出する方法を**層化抽出法**といいます。

単純無作為抽出法

「サイコロを振るのも大変……」

偶然の街頭調査をしたり、サイコロを使って調査対象を決める。

▶大変さを減らす機械化で偶然を大量生産！

系統的抽出法

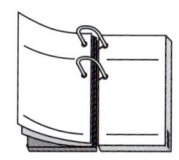

名簿を作り、番号を振って、開始番号と選択する一定の間隔をサイコロなどで決める。

多段抽出法

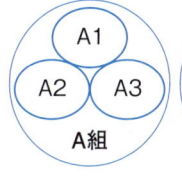

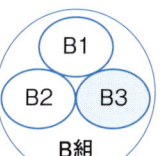

A組：A1, A2, A3
B組：B1, B2, B3

適当にグループ分けし、サイコロなどで、グループを絞った上で調査。
（例：B組→B3を選択する）

層化抽出法

	男	女
1	A太郎さん	B子さん
2	C太郎さん	D子さん
3	⋮	⋮
⋮	⋮	⋮

対象の性質別の構成比率を維持するように、無作為抽出する。
（例：男女比が1：1になるようにする名簿の場合）

🔵 偶然を使うか否か：記述統計と推測統計

　偶然に関連した統計分析の2つの方向性を学びましょう。まずは，調査対象の全ての標本を集めた状態で，その標本の特徴を知るために集計整理する方向性です。この統計分析を**記述統計**といいます。もう一つは，調査対象の一部の標本しか集まらない状態で，収集の際に発生する不確実性を処理しながら，その中に潜む規則性を推し測る方向性です。この統計分析を**推測統計**といいます。

　2つの方向を別かつのは，まさに**偶然性の有無**です。記述統計には偶然性はありません。というのも，調査対象の情報を，一つも取り損ねることなく，「全て」の標本として手に入れるので，どれかの標本が偶然に収集できないということはないからです。全数調査の際に，無作為抽出をしても，名簿順や有意抽出で聞いても，全て調査できるので結果は同じです。そのため，記述統計では結果を集計・整理して特徴を分かりやすく理解することが主眼となります。

　一方，推測統計は偶然性に満ちています。既に学んだように，標本の収集に，偶然という規則性を必要とする調査上の理由から，有意抽出ではなく，無作為抽出を利用します。統計学は本来，調査対象の全体の特徴をとらえることが目的ですから，推測統計は偶然の中の規則性を利用して，調査対象全体の特徴を推測します。推測とは，記述統計のように特徴を集計して整理するともいえますが，全ての標本が集まった状態で整理する記述統計に比べ，推測統計ではほんの一部しか標本がないのに集計・整理するというのも違和感があるので，規則性から推測するという言葉を使います。なお，推測統計には，**標本が一部に限られるという限定性**と，**標本入手の偶然性**の2つの問題があることに注意しましょう。

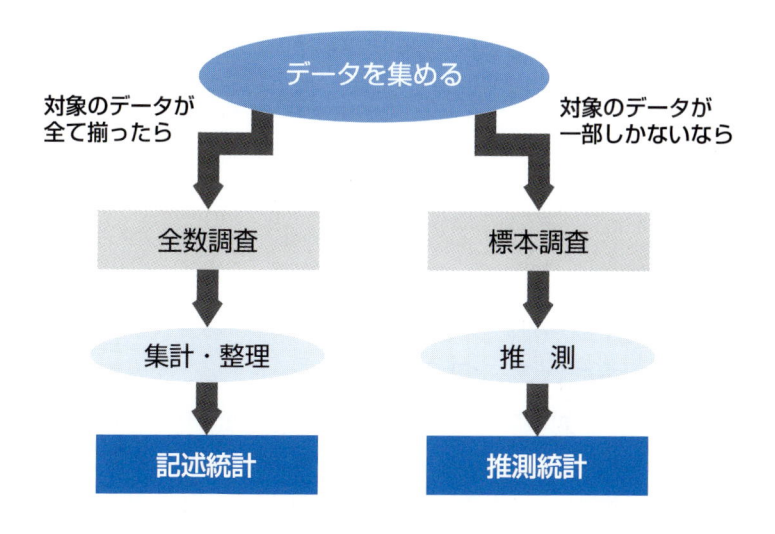

偶然を使うか否か：記述統計と推測統計　　　39

```
                    データを集める
  対象のデータが   ↙         ↘   対象のデータが
  全て揃ったら                     一部しかないなら
      ↓                               ↓
   全数調査                         標本調査
      ↓                               ↓
   集計・整理                         推　測
      ↓                               ↓
   記述統計                         推測統計
```

コラム　統計の歴史（1）：統計学の始まり

　統計はまさに統べるという言葉通り，国家の支配者が潜在的な税収や兵力などの元となる国力を把握するための調査として大昔から行われてきました。しかし，ウィリアム・ペティ（1632-1687）が，『政治算術』(1690) において，イギリスの経済力を統計を用いて隣国のオランダ，フランスと比較しました。また，その結果から，イギリスの将来予測，政策提言を行いました。データから将来予測を行ったことで，統計はその後，フランス皇帝ナポレオン（1769-1821）などに注目されるようになっていきました。

手間が省ける公表データ：統計資料の長所と短所

　経済学をはじめとする社会科学系分野で，分析者自身が標本を抽出して統計分析することはあまりありません。その最も重要な理由は費用です。先の単純無作為抽出が望ましくないのも，膨大に時間とお金がかかるからで，できればその手間を省きたいのです。統計分析でも遊びでも，先立つものは時間とお金です。それを節約しながら分析を実現するのは，統計学に限ったことではありません。

　例えば，政府が公表するGDP（国内総生産）を標本から自分で調査し直す意味はほとんどありません。このような場合，自分で調査する代わりに，政府をはじめ公的機関や信頼できる民間企業の公表する統計資料を代用（借用）します。こうすれば，公表されている統計資料がないような特殊なデータだけを調査すればよくなります。よいことずくめに思えますが，注意も必要です。これらの統計資料は各人の分析にオーダーメイドされたものではありません。公表機関は自身の目的に従って統計資料を作成・利用し，それを公表しているにすぎず，各機関の調査目的には適した調査方法でも，私たちの分析目的とずれる場合，厄介な問題を起こすこともあります。分析する人々は，これをデータのクセと呼びます。なお，経済統計という科目で統計資料を詳しく学びます。

　公表データは，その統計資料の性質を，調査動機に基づき，一から標本収集した場合は第一義統計，新たに調査を行わずに業務上の発生データを利用する場合は第二義統計として区分します。また，単に全ての標本を足しあげただけなど単純な集計による統計資料は一次統計，高度な推測統計によって加工して得られた統計資料は二次統計と呼びます。これらはどのようなデータのクセがありえるかを想定する際の重要な事前情報になります。

調査しないで公表された統計資料を使う長所と短所

長所
- 調査の手間が省ける
- 費用はほとんどかからない
- 統計のプロが作っているので安心

データのクセとなることもあるから注意！

短所
- 素材となるデータの定義に注意
- データの集計加工の過程に注意
- 目的に合うものが見つからないことも

▶データのクセとは……

例えば、統計資料を活用する際に調査目的ではないデータの性質や挙動のため、分析に誤解を与える特徴や性質を指す。

公表データの区分

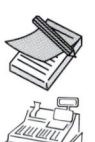

第一義統計	はじめから調査
第二義統計	業務上で得たデータを活用
一次統計	集計程度
二次統計	高度な統計処理

自然科学と社会科学の統計学の違い

　工学や医学をはじめとする自然科学でも，経済学・経営学・法学などの社会科学でも，心理学・社会学などの人文科学でも，統計学は活躍します。工学の統計学と経済学の統計学は違うのでしょうか？　統計学という看板である以上，分野ごとに全く違うのでは困りますから，理論面で統計学は分野を問わず共通しています。では，使われる手法はどうかというと，これが大きく異なります。

　一番分かりやすい例は，自然科学と社会科学，および人文科学での統計学の使われ方の違いです。統計学では標本の抽出が重要だと述べました。自然科学ではデータを集める方法として，実験が用いられるのが一般的です。実験は理想的な環境を準備して，複雑な実験機材を使いこなしながら，様々な現象を起こして，データを収集します。一方，社会科学や人文科学では，データの収集方法の主力は調査であり，調査の対象は主に人です。アンケート調査には，様々な作法があることは既に述べた通りです。

　また，実験と調査には他にも大きな違いがあります。実験は可能な限り理想的な環境の中でデータを集めます。また，環境を少しずつ変えながら，何度も実験を繰り返すことも可能です。また，自然現象は嘘や曖昧な態度をとりません。一方，調査は人が相手です。あまり何度も聞けませんし，時と場合で答えが違います。嘘もあるかもしれませんし，直前に失恋していたりすると何でも否定的に答えるかも知れません。それを無視して分析に使うと問題になるので，その対応が必要です。

　したがって，自然科学と社会科学，人文科学の統計は理論的には同じですが，使われる手法が異なります。また社会科学と人文科学，同じ経済学の中ですらそれが異なることもあります。

第3章
基本的な統計手法
──統計表現の形を知る

統計学の全体像	第1章 統計学の役割と全体像
統計学の基本	第2章 データの種類と収集方法
	第3章 基本的な統計手法
一歩進んだ統計学の考え方	第4章 確率論の基礎
	第5章 統計と確率の関係
一歩進んだ統計学の分析方法	第6章 推　定
	第7章 仮説検定
さらに発展的な統計学の分析方法	第8章 相関を推測する回帰分析

🔵 データを統べる方法の要：核となる情報を表現するか

　データを統べるには具体的にどうするのでしょうか？　データをただ眺めるだけでは核となる情報を引き出せません。そこで，統計学が鍵とするのは，特徴に着目することだと既に学びました。対象が持つ情報は複雑かつ多様な構造を持っており，簡単には言い表せません。しかし，あえて分かりやすく目立った特徴を把握できれば，そこを糸口として，複雑な情報を少しずつ集約しながら理解を深めることが可能になります。また，特徴的な部分とは対象の情報が集約された部分だともいえるので，その特徴は**対象の核となる情報の基本部分**であると考えられます。

　統計学では主観的判断を差しはさまず，調査対象の客観的な特徴を提供するに留めることを第1章で学びました。また，複雑かつ深い内容を持つ大量な情報の塊を急いで理解するより，上述のように目のつけ所となる特徴部分の把握からはじめることが，情報を統べる最も効果的な道筋です。統計分析から得た客観的な核となる特徴を土台に，対象全体の性質を複合的かつ深く理解するため，調査対象のデータにないこと，さらに統計学が踏み込まない想像力なども駆使した主観的な価値判断を加えることも必要です。

　また，統計学の目のつけ所となる特徴の多くは，規則性（パターン）です。規則性は共通性と読み替えてもよいですが，対象の個別性よりも一貫性をおさえていくことが重要です。そのパターンは図や表，数値という方法を用いて可視化できます。単に，データを眺めるのではなく，図や表，数値という方法で整理し，そこから特徴を見出すことで，情報の特徴を効果的に発見したり，表現します。そこで，本章では，図，表，数値の順に，その表現方法と意義について学んでいきましょう。

データを統べる方法の要：核となる情報を表現するか　45

どうしよう……

とらえどころの
ないデータも

調査対象

とにかくデータをとって

データを集めて

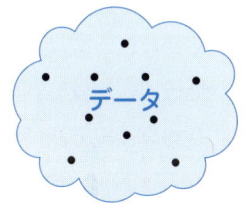

データ

つなぐと，こうかな？

統計分析を使って
データをつなぐと
……分かった！

たぶん，こういうことだ！

場合によっては，
主観も使って……

図にすることも統計：図やグラフによる表現

　まずは図による表現を学びましょう。図はグラフともいいます。言葉や数値と違い，視覚やイメージで特徴を表現できるため，ある程度複雑な情報を一つのグラフに集約して表現できるのが特徴です。ただ，絵心を持って複雑な情報を一つの図でうまく表現しないと情報がうまく伝わらなかったり，読み取る練習がある程度できていないと情報がうまく読み取れないこともあります。このあたりは経験も必要であり，表現や読解に頭を悩ます部分でもあります。

　よく使われる図は折れ線グラフや棒グラフです。一つのテーマで国や地域別の比較や時間的な変化など主に変化や差を表現したいときに有効な表現方法です。他には，円グラフというものも見たことがあるでしょう。こちらは主に街角アンケートや1カ月のお金の使い道などでの回答の構成や割合など，対象の構造を把握するときに便利な表現です。

　他にも，レーダー図というものがあります。これは対象の類似した特徴軸を隣り合うようにしながら円を描くように並べて，平均値を中心に各対象がどの程度の能力を持つかを総合的に表現する方法です。総合力や長所短所を把握するときに有益な方法です。

　経済学や社会科学では，ヒストグラム（度数分布）もよく使われます。ヒストグラムとは所得やアンケート結果など，回答の値で順序づけ可能なものに幅をとっていくつかの階級というグループに分け，その階級にどの程度の対象が含まれるかを表現したもので，例えば所得格差のような分布を見たいときなどに有効です。

　他にもいろいろなグラフがあります。それぞれのデータの特徴を最も上手にとらえられるグラフの種類やその表現を，絵心を駆使していろいろなグラフを探しながら，見つけてみて下さい。

図にすることも統計：図やグラフによる表現　　　　47

〈棒グラフ〉

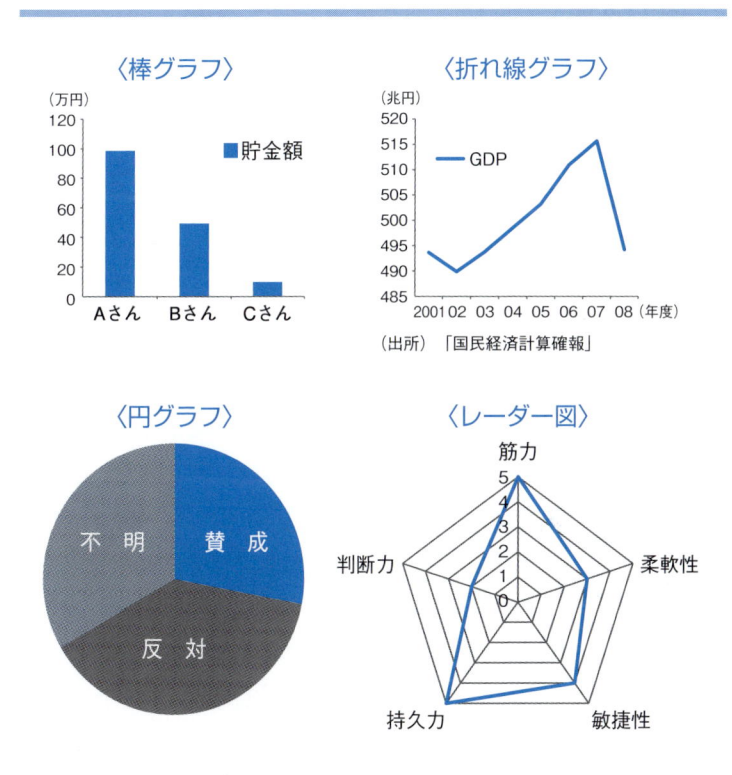

（万円）
■貯金額
Aさん 100
Bさん 50
Cさん 10

〈折れ線グラフ〉

（兆円）GDP
2001～08（年度）

（出所）「国民経済計算確報」

〈円グラフ〉

賛成 / 反対 / 不明

〈レーダー図〉

筋力、柔軟性、敏捷性、持久力、判断力

〈ヒストグラム〉

(%) 平均 348.7万円
■世帯1人当たりの再分配後所得分布

50未満, 〜100, 〜150, 〜200, 〜250, 〜300, 〜350, 〜400, 〜450, 〜500, 〜550, 〜600, 〜650, 〜700, 〜750, 〜800, 800以上 （万円）

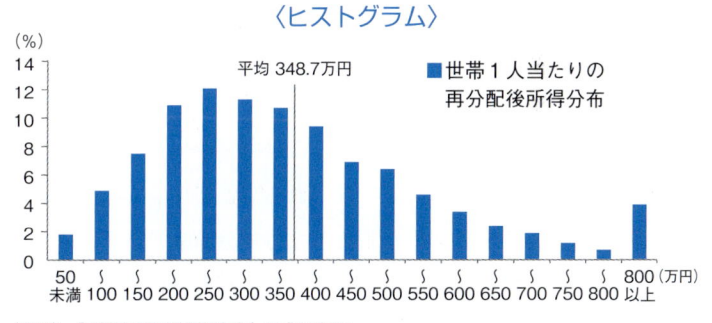

（出所）「所得再分配調査報告書」平成17年版

表にすることも統計：分割表による表現

　図やグラフにする以外に，表にする方法もあります。表は主に質的情報を分類・整理して，対象となる個数を表現するのに便利です。通常は男女の関心の有無や学年と好きな科目といったように，2つの軸で分類します。こういった表を**分割表（クロス表）**といいます。なお，分割表は条件別にデータを整理することを目的とするので，軸は主に名義尺度などの質的なものを使います。

　また，男女と関心の有無のように2つの軸でそれぞれ2つしか分類のないものを**2×2の分割表**と呼びます（表3-1）。さらに，クラス（m）と好きな科目（n）のように，2つの軸で複数の分類するものをそれぞれの数を用いて**$m×n$の分割表**と呼びます（表3-2）。

　分割表は各項目に該当する数値はもとより，目分量で計算すれば大まかな構成比率も分かります。また，直観に訴えたければ，立体的なグラフで分割表の情報を表現できます（図3-1）。

　さらに，分割表は，単に表として眺めるだけでなく，表の結果と理論上の考察が合っているかを判定する計算による統計手法があります。これを**適合度検定**と呼びます。ただ，初歩の入門書である本書では少し難しいので扱いません。本書より少し上のレベルの入門テキストでは扱うことが多いので，そちらを参照して下さい。

　分割表はグラフに比べて，表現の多様性があるとはいえませんが，計算を用いた高度な統計手法を用いることもできることから，経済学のみならず，様々な分野でよく使われる方法です。

　統計学では，数式や不思議な形をした確率分布をイメージすることが多いと思います。そのため統計学では計算が先に浮かびますが，まずは図や表というようなデータの表現方法の意義を理解した上で，よく使われる数値に図や表を併用する方法を身につけて下さい。

表にすることも統計：分割表による表現

表3-1　2×2の分割表：性別と好きな動物

	男性	女性
イヌ	237	178
ネコ	196	264

表3-2　$m \times n$の分割表：学年・クラスと好きな科目

	国語	数学	英語	……
1年1組	12	10	8	……
1年2組	11	8	2	……
1年3組	3	6	15	……
2年1組	9	7	3	……
2年2組	17	5	8	……
⋮	⋮	⋮	⋮	⋮

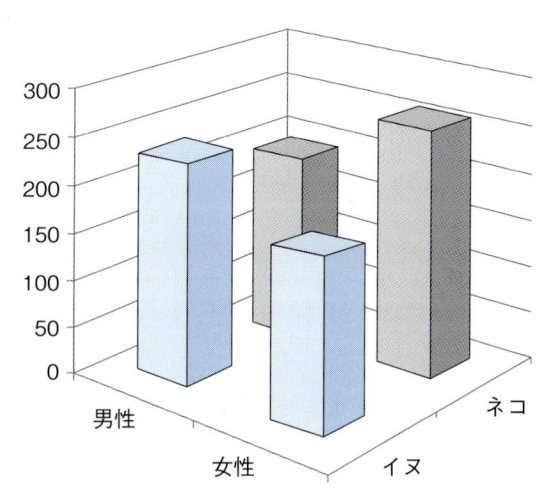

図3-1　2×2の分割表のグラフ化

数値による統計表現：データの状態で大きな違い

　図や表と異なり，数値で表現する統計には，第2章で学んだデータ収集の状態で，分析方法が変わってしまいます。例えばアンケート調査をする場合は，調査票を準備して，無作為抽出の下で実際に調査し，多くの調査票が集まった段階で集計して統計分析を行います。アンケート調査では答えてくれる人もいますが，答えてくれない人も多く，なかなか集まらないのが普通です。一方，学校のあるクラスの定期試験の点数なら，担当の先生ならば，採点もするので，そのクラスの生徒全員の点数を知っています。このように，調査対象のデータ収集の状態は調査対象の性質に依存します。また，調査対象が多すぎれば難しいですし，対象が少数で隠すほどでもない情報ならば全て集めることも可能でしょう。

　調査対象**全てのデータが集まる場合**，全データを整理して，その特徴を知ることが主な目的になります。調査対象全てのデータが集まる調査を全数調査といいます。一方，調査対象の**一部のデータしか集まらない場合**を標本調査といい，この場合には，データを整理するというよりも，仮に全てのデータが集まったとしたら調査対象全体がどのような特徴を持つだろうかということを，推測しなければなりません。

　全数調査の場合には集計・整理するための記述統計を学べば十分ですが，標本調査の場合には確率論を用いた難しい推測統計を学ぶ必要があります。ただ，現代の統計学では，全数調査はめずらしく標本調査が一般的なため，推測統計を学ぶのが主眼になります。

　まずは，全てのデータが集まった場合の標本の集計・整理のための記述統計を学びます。そして，本書の残り全てを使い，標本調査の場合の推測統計を学んでいきます。

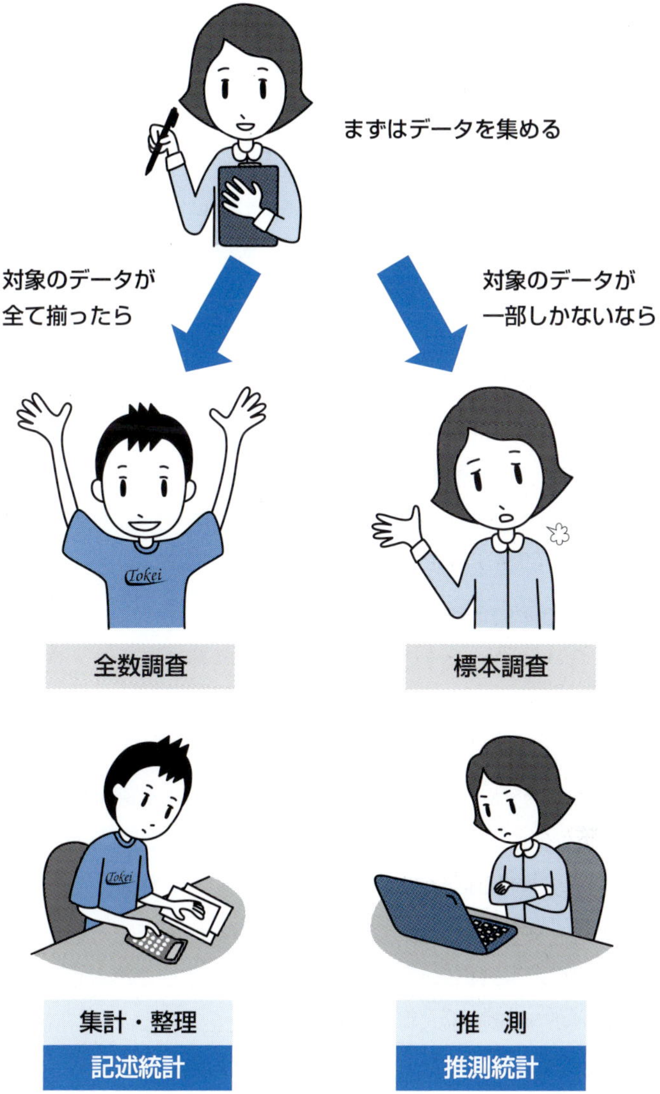

数値による統計表現：データの状態で大きな違い　　51

まずはデータを集める

対象のデータが全て揃ったら

対象のデータが一部しかないなら

全数調査

標本調査

集計・整理
記述統計

推　測
推測統計

調査対象の情報を全て集められたら：記述統計

　知りたい調査対象の全てのデータが集められるのは，最も望ましい状態です。望ましい状態では，統計分析もそうでないときに比べて大変簡単です。その際の統計の目的は特徴を把握するための全データの集計・整理です。この全数調査ができた場合に，標本の集計・整理を目的として行う統計を記述統計といいます。

　統計学で最も集中的に扱われる内容は数値で見ることです。数値はまさに数字という簡潔な表現なので，統計学が目的とする特徴を明確に示します。同時に，あまりにも単純すぎて，数字の意味する全体像がとらえにくかったり，逆にインパクトの強い数字があまりにも過大視されて一人歩きするという短所もあります。ここでは統計学で特徴を表す基本的な指標をいくつか示します。

　まず，最も基本的な特徴は，対象とするデータの概要です。収集されたデータを標本と呼びます。その標本がとる値を標本値といい，標本の数を標本数と呼びます。

　また，標本値のとりうる範囲である標本全体の最大値・最小値や，標本の中で真ん中の標本値に当たる中位値（中央値），標本の中で最も数が多い標本値である最頻値も，調査対象の大きな特徴です。

　少し高度ですが，ヒストグラムのようにグラフを直接描かずとも，中位値のように下位から25％，50％（中位値），75％（上位25％），100％（最大値）の順位に当たる標本値を求める四分位値，それをより細かくした五分位値が分かると，ある程度分布の形状を想像できます。なお，これらの特徴は，数えたり，探してたりして求めます。他にも，計算加工して求められる特徴もあります。計算するか否かを問わず，記述統計で使う全ての特徴の求め方を統計量，実際の計算結果を統計値といいます。

記述統計とは……

知りたい調査対象の全てのデータが標本として
手に入った場合に集計・整理する統計のこと

⬇

記述統計の方法は探したり，
数えたり，計算して求める

⬇

探して数える
特徴の例
- 標本数，最大値，最小値，中位値，最頻値（観測数が最多のもの）
- 分位値（例：四分位値，五分位値）

例えば，五分位値の場合

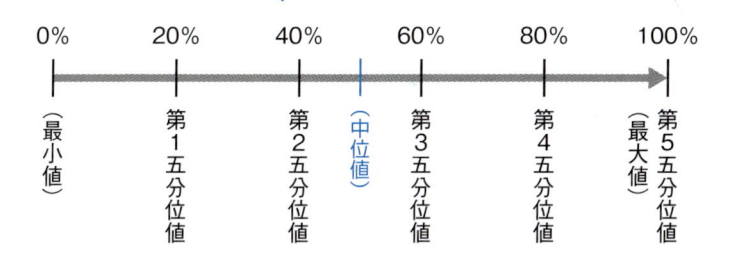

```
0%      20%       40%       60%       80%      100%
|--------|---------|---------|---------|---------|--->
(最小値) 第1      第2      (中位値)  第3      第4      第5
         五分位値  五分位値           五分位値  五分位値  五分位値
                                                    (最大値)
```

統べるとはいえ，一つではない：平均の意味

調査対象の特徴を数値でとらえる統計量は，単に標本の数を数えたり，探し出すだけではありません。計算加工を行って，有益な情報を引き出す統計量もあります。また，計算加工する方が統計学にとって重要な考え方になっていきます。

計算する統計量の中で，最も基本的かつ重要な統計量は平均であり，全ての標本の値を足して標本数で割ったものです。平均はテストの平均点をはじめ，非常にポピュラーです。ただ，平均は一般的には「平均」として，真ん中や中流を表すと理解されているように思います。しかし，平均とはまさに平らに均したもので，本来は**真ん中や中流を指すものではありません**。真ん中に当たるのは，前節で出てきた中位値です。では，平均は何かというと，**全体を計測する際の対象の各要素1単位当たりの見積の値です**。

いきなり見積といわれてよく分からないかもしれません。こう考えれば分かりやすいでしょう。例えば，重さの違う砂袋があったとしましょう。また，重い軽いはあるけれども，重さは大体同じくらいだとしましょう。その際に，いくつかの砂袋を測って平均をとります。それが1kgだったとしましょう。そのとき，砂袋20個の重さはどれくらいになると予想できるでしょうか？ 皆さんも20kgだと答えるでしょう。何をしたのかというと，一つひとつの砂袋の重さは違うとしても，均して考えれば一袋1kgなのだから20個くらい集まれば重いものも軽いものもそれぞれ補い合って，20個で20kgくらいに見積もれると考えたのではないでしょうか？ 実際の重さはきっちり20kgではなく，多少前後しますが，平均とはこういったときに使う見積なのです。すなわち，**平均とは個から全体を測るための重要な特徴**なのです。

統べるとはいえ，一つではない：平均の意味　　　55

> 探して数えるほかに……計算加工がある

▶ 平均とは，実は真ん中の値ではない

例えば，同程度の重さの砂袋も
実際の重さはそれぞれ個性的……

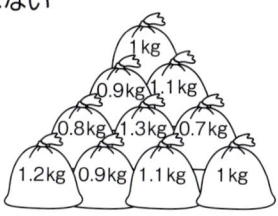

統べる人にとっては……

> 個別の値よりも全体がどう
> なるかが大事！

▶ 平均は，個性を平らに均して全体を見積もるために使う

$$\text{平均} = \frac{1}{N\text{個}}(\text{標本値1}+\text{標本値2}+\cdots+\text{標本値}N)$$

例えば，平均が1kgならば，砂袋10個で10kg，
20個で20kgと見積もれる。

実際，そういう砂袋を20個集めてみると……

見積の20kgに近い重さになっている。　すごい！

数値の計算と特殊な定規：多様性の特性値

平均以外に，**標本値がどの程度多様か**を示す統計量として分散というものがあります。全体を統べる際に多様性を知ることは，対象がもたらす様々な可能性を知るために重要です。分散の計算方法は少し特殊で，標本と平均の差をとって，それを二乗します。その二乗した値のさらに平均をとるのです。平均との差を二乗して，再び平均をとるという特殊な計算をしていることが分かるでしょう。ただ，冷静に考えれば，突飛な考え方ではありません。各標本の値の平均からの差を，多様性を表す値として求めます。その上で，二乗して，プラスやマイナスの符号を全てプラスに合わせます。そして平均をとれば，**平均から離れた標本が多ければ分散は大きくなり，平均に近い標本が多ければ分散は小さくなります**。その意味で，二乗を使うのは便利な計算方法だといえます。

また，分散の平方根をとると，**その対象がどの程度平均から離れているか**という指標（平均的かい離幅）である標準偏差になります。標準偏差は偏差値としても知られていますが，標準偏差の1単位を10に換算し直したものにすぎません。

さらに，標準偏差を平均で割ると，多様性の指標である変動係数が求められます。変動係数を使えば平均や分散の値の異なる様々なデータの多様性の度合いを全く同じ基準で「比較」できます。

その他にも変動係数にいくらか似た計算で，標準偏差を用いるなどして，平均を中心としてその分布がプラスやマイナスにどの程度偏っているかを示す歪度，分布が平均値に集中しているかを示す尖度という指標もあります。これらは少し上のレベルの入門テキストで学ぶ内容ですが，調査対象の全体的な性質を表すと考えればよいでしょう。

数値の計算と特殊な定規：多様性の特性値 57

平均から見た多様性を示す分散という指標がある

$$分散 = \frac{1}{N個}\left\{(標本値1-平均値)^2 + (標本値2-平均値)^2 + \cdots + (標本値N-平均値)^2\right\}$$

分散から派生した指標に標準偏差，変動係数がある

$$標準偏差 = \sqrt{分散}$$

標準偏差とは平均からの平均的かい離幅を示す指標

$$変動係数 = \frac{標準偏差}{平均}$$

変動係数とは平均を基準値1とした多様性を示す指標

多様性 小 ←――――――――――――――→ 多様性 大

分散 小
標準偏差 小
変動係数 0

分散 大
標準偏差 大
変動係数 大

他にも歪度や尖度という指標もある

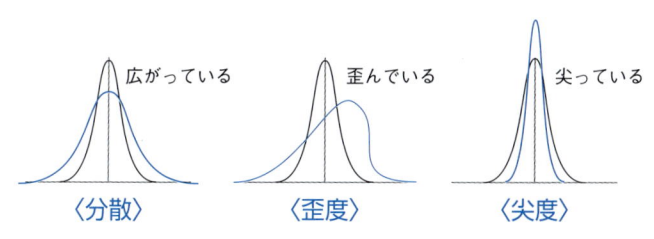

広がっている 〈分散〉

歪んでいる 〈歪度〉

尖っている 〈尖度〉

歪度は平均からの分布の偏り，尖度は集中度を示す指標

変数の関係も見る：相関の特性値

これまでは，1つのデータの特徴を求めるものでしたが，変数間の関係の特徴を表す相関の特性値もあります。複数の情報の関係を考えることは統計学の重要な関心でもあります。共分散は2つの変数の間で，一方の変数が平均より大きな値をとったとき，もう一方が平均から見て大きくなるのか，それとも小さくなるのか，そしてその大きさはどの程度なのかという傾向を示します。

共分散の値が，プラスで非常に大きければ，2つの変数のうち一方が平均値よりも大き（小さ）ければ，もう一方の変数も平均値より大き（小さ）な値になる傾向があります。一方，マイナスで非常に小さければ，2つの変数のうち一方が平均値よりも大き（小さ）ければ，もう一方の変数は平均値より小さ（大き）くなる傾向があります。また，ほとんどゼロなら，一方が平均値よりも大きくとも小さくとも，一方の変数は関係のない値になる傾向を意味します。

すなわち，共分散とは**両変数が関係のないゼロという状態を基準**にして，プラスであれば2つの変数は**同じ方向の増減傾向**を，マイナスであれば**逆方向の増減傾向**を持ちます。統計学では，変数間に関係のない状態を無相関，同じ方向の関係にある状態を順相関，逆方向の関係にある状態を逆相関といいます。

分散のときと同様に，両者の関係を指標化することができます。これを相関係数と呼びます。ただ，計算方法が少し特殊で，2つの変数の共分散をそれぞれの標準偏差で割ることで得られます。こうすることで，相関係数は**1から－1までの値**で表現され，無相関なら0近辺，順相関なら1に近く，逆相関ならば－1に近い値をとるという指標になります。

変数の関係も見る：相関の特性値

> 変数間の関係を表す共分散という指標がある

X と Y の共分散＝
$$\frac{1}{N個}\left\{\begin{array}{l}(Xの標本値1-Xの平均)(Yの標本値1-Yの平均)+\cdots\\+(Xの標本値N-Xの平均)(Yの標本値N-Yの平均)\end{array}\right\}$$

> 変数間の関係を表す相関係数という指標もある

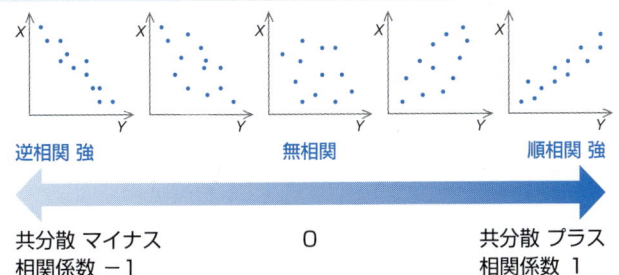

$$X と Y の相関係数＝\frac{X と Y の共分散}{\sqrt{X の分散}\sqrt{Y の分散}}$$

逆相関 強　　　　　　　無相関　　　　　　　順相関 強

共分散 マイナス　　　　　0　　　　　　共分散 プラス
相関係数 −1　　　　　　　　　　　　　相関係数 1

コラム　分散と共分散

分散と共分散の計算が根本的な考え方は同じことが，X 同士の共分散をとると分かります。X 同士の共分散は

$$\frac{1}{N個}\left\{\begin{array}{l}(Xの標本値1-Xの平均値)(Xの標本値1-Xの平均値)\\+\cdots+(Xの標本値N-Xの平均値)(Xの標本値N-Xの\\平均値)\end{array}\right\}$$
$=X の分散$

となります。分散も共分散も平均値からの差の積，およびその平均値が重要な部分だと分かります。

実際に特性値を求めよう

　特性値の求め方や計算方法を学んだので，表3-3のサンプルデータを用いて，実際に特性値（記述統計では統計値）を求めましょう。なお，右頁に計算方法も含めて書いてありますので，大ざっぱでよいので計算して，その結果を確認してみて下さい。

　最初に，XとYの標本数，最大値，最小値，中位値，最頻値を探してみましょう。まず，標本数は表からすぐに分かります。次に，最大値，最小値，中位値，最頻値などを探しやすくするために，表3-4のように標本値の順に並べ直します。すると，すぐにそれぞれの最大値，最小値が分かります。また，ここでは標本が5個なので，上または下から3番目の標本値が中位値になります。なお，標本数が偶数で中位値に当たる標本がない場合は，中位の前後である下から標本数を2で割った順番に当たる標本値と，その一つ上の標本値を足して2で割ったものを中位値とします。また，多い標本値の値も，並べ直せば比較的簡単に見つけられると思います。

　さらに計算によって，特性値を求めてみましょう。平均値は全ての標本値を足して，標本数で割ります。この平均は後の計算でも何度も使うので，もし実際に計算する場合は，見やすいところに配置しておくのがよいでしょう。その上で，分散，共分散を求めます。

　分散と共分散が求まると，さらに複雑な計算が可能になります。まず，そのために分散の平方根をとり，標準偏差を求めます。標準偏差と平均から，変動係数が求まります。変動係数は多様性の指標だと述べましたが，右頁の例ではYよりもXの多様性が高いと分かります。また，共分散と標準偏差を用いれば，変動係数が分かります。右頁の例では相関係数は0.67であり，一方の変数が増加すれば，もう一方の変数も増加する傾向にあることが分かります。

実際に特性値を求めよう

表3-3 サンプルデータ

標本番号	X	Y
1	7	4
2	6	3
3	6	7
4	2	3
5	9	8

表3-4 Xの値で並べ替え

標本番号	X	Y
5	9	8
1	7	4
3	6	7
2	6	3
4	2	3

▶探して求める母数の例

X の標本数 = 5,　Y の標本数 = 5,
X の最大値 = 9,　Y の最大値 = 8,　X の最小値 = 2,　Y の最小値 = 3,
X の中位値 = 6,　Y の中位値 = 4,　X の最頻値 = 6,　Y の最頻値 = 3

▶計算して求める母数の例

X の平均 $= \dfrac{7+6+6+2+9}{5} = \dfrac{30}{5} = 6$,　Y の平均 $= \dfrac{4+3+7+3+8}{5} = \dfrac{25}{5} = 5$

X の分散 $= \dfrac{(7-6)^2 + (6-6)^2 + (6-6)^2 + (2-6)^2 + (9-6)^2}{5} = \dfrac{26}{5} = 5.2$

Y の分散 $= \dfrac{(4-5)^2 + (3-5)^2 + (7-5)^2 + (3-5)^2 + (8-5)^2}{5} = \dfrac{22}{5} = 4.4$

X と Y の共分散

$= \dfrac{(7-6)(4-5) + (6-6)(3-5) + (6-6)(7-5) + (2-6)(3-5) + (9-6)(8-5)}{5}$

$= \dfrac{16}{5} = 3.2$

X の標準偏差 $= \sqrt{5.2} \cong 2.29$,　Y の標準偏差 $= \sqrt{4.4} \cong 2.1$

X の変動係数 $= \dfrac{\sqrt{5.2}}{6} \cong 0.42$,　Y の変動係数 $= \dfrac{\sqrt{4.4}}{5} \cong 0.38$

X と Y の相関係数 $= \dfrac{3.2}{\sqrt{5.2}\sqrt{4.4}} \cong 0.67$

図，表，数値，それぞれの長所と短所

図で見る，表で見る，数値で見るという3つの「情報を統べる方法」を学びました。それぞれに長所，短所があります（表3-5）。

図で見ることは，直観的に訴えやすいので，分析者として特徴を探す際にも，分析結果を他の人々に紹介する際にも，分かりやすい大変便利な方法だといえます。一つの図（グラフ）に多くの情報を組み込むこともでき，総合的に特徴をつかみたい場合などには非常に有用です。一方で，情報が多すぎるため，要所を描く絵心のような表現力も重要ですし，どれが重要な情報か分かりにくい場合や，一部の目立つ情報に目をとられて細かな情報を見落とす危険性もあります。また，直観的には分かりやすいものの，厳密な意味での計測ではないので，データの動きを誤解する可能性もあります。

表で見ることは，表自身に多様な情報が含まれていますが，図に比べて直観的理解に劣ります。分割表を作った場合には，その数字を表内の他の数字と比較する必要もあるので，じっくりと表を眺める必要があります。一方で，数値で明瞭に表されている分，その関係が明確でもあります。適合度検定も利用できるため，グラフよりも正確さは上がります。問題点としてはグラフに比べて表現の幅が狭いということでしょう。分割表はデータを分類・整理できますが，折れ線グラフのように変化の表現は上手ではありません。

数値で見ることは，図や表に比べ，直観的な特徴の理解が困難です。また，数値は一つのため，多様な情報はなく，ただ一つの情報しかありません。しかしながら，特徴を数値で表現する方法は図や表に比べて，平均や分散をはじめたくさんあります。また，数値を用いるので，明瞭かつ正確に特徴を描写できます。厳密さと表現の多様性が，統計分析が主に数値を使う理由だといえるでしょう。

表3-5 統計表現の長所と短所

	長　　所	短　　所
図	直観的に理解 総合的に評価	細かな特徴を見落とす 曖昧な意味に留まる
表	直観的・総合的に理解 数値があり精緻	図より理解しにくい 表現の幅が狭い
数値	数値で精緻に表現 多様な表現が可能	直観では理解しにくい 情報を組み合わせて総合化

コラム　分散と二乗という定規

　分散は平均との差の二乗を使います。本書では符号を揃えるためとしましたが，ではなぜ絶対値を使わないのでしょうか？

　実は，平均からの差の絶対値を使う平均偏差という特性値もあります。では，なぜそれを使わないかというと，統計学において，この二乗が，すばらしくも不思議な性質を持つからなのです。

　まず，二乗は誇張する定規です。例えば，0.1の二乗は0.01，1の二乗は1，10の二乗は100です。1より小さい値はより小さく，1より大きい値はより大きな値にします。これを平均するので，平均偏差に比べ，平均に近い値が多いほどより小さく，遠いほどより大きくなり誇張されるのです。

　さらに，この二乗，データ間の差ではなく，「動き」としてとらえる定規にもなります。唐突ですが，三平方の定理を思い出してみましょう。これは，直角三角形の辺の長さと，その辺の長さから作られる正方形の面積がある対応関係を持つことを意味します。

　実は，この辺の長さと面積の関係のように，統計学でも平均からの差の二乗は，統計学において不思議な対応関係を持つのです。

🌐 「全て」が無理な現実では：推測統計と確率論

現実には，本章で学んだ記述統計が前提とする全数調査はめったにありません。通常の統計分析では一部の標本で対応するしかなく，標本調査による推測統計が一般的です。しかし，こちらは予測をするという難しい問題を扱う必要があるため，日常感覚で簡単に分からないような難しい確率論を学ぶことになります。

推測統計が前提とする**一部しか標本が手に入らない状況**での統計分析には2つの大きな問題が控えています。まず，対象とする情報のほんの一部しか手に入らない状況で，調査対象全体の特徴に関する信頼できる情報が手に入るのかという問題です。次に，アンケート調査などの標本収集では無作為抽出が必要です。無作為抽出という偶然にしか手に入らない情報に，はたして信頼性や安定性はあるのかといったことも問題です。おぼつかないデータで本当に調査対象全体の重要な特徴が分かるのでしょうか？

統計学はこのようなおぼつかない状況を逆手にとる形で，これらの問題を乗り越えていきます。そこがまさに発想の転換であり，統計学のすばらしいところです。ただ，この発想の転換のために，いつもの日常感覚で理解しようとすると，何をしているのだろうと思うことがあると思います。そのときには，一度立ち止まって，この困難な状況を，どんな発想の転換で乗り越えたのかという視点で，読み返したり，繰り返して考えたりして，何度でも確認してみて下さい。ゆっくり考えれば分かりますので，焦って理解しようとせず，急がば回れの気持ちで，そしてまた，その発想の転換を味わうつもりでゆっくりと眺めていって下さい。すぐに推測統計に進むのではなく，次の第4章ではその推測統計の準備として，確率論の基礎を学ぶことにします。

第4章
確率論の基礎
──確率論へちょっと寄り道

統計学の全体像	第1章 統計学の役割と全体像
統計学の基本	第2章 データの種類と収集方法
	第3章 基本的な統計手法
一歩進んだ統計学 の考え方	第4章 確率論の基礎
	第5章 統計と確率の関係
一歩進んだ統計学 の分析方法	第6章 推　定
	第7章 仮説検定
さらに発展的な 統計学の分析方法	第8章 相関を推測する回帰分析

確率論とは何だろう

　確率論とは何でしょうか？　確率論とは**不確実な現象から確実な規則性を見出して，それを活用する学問領域**です。不確実から確実な規則性を見出すとはおかしな気がしますが，不確実は全てデタラメかというと，そうではありません。もしかしたら全くデタラメな不確実性がこの世界にあるかもしれませんが，確率論はそういった本当にデタラメで規則性のない偶然は脇に置いて，規則性を持った不確実を相手にして，その性質を発見したり活用するのです。

　不確実性に確実で安定的な規則性があるとする考え方を**ランダムネスの法則**といいます。当然，確実な規則性にも不確実性の影は常に寄り添っていますから，確率論を学べばたちどころに不確実が消えて，全てが確実になるわけではありません。しかし，確率論が得た規則性自身は確実に成立するので，不確実だらけの世界に置かれるよりはある程度の確実さがある分，安心して物事に取り組めるでしょう。その意味では，確率論で確実にいえる規則性と，依然として残る不確実性を認識しておくことが望ましいといえます。

　本章では統計学に必要な確率論の基本を学びます。具体的には，確率の基本的な考え方，確率の種類と計算方法，確率変数という変数とその特徴を表す期待値と確率分布を学びます。途中，かなり抽象的な話が出てきて，最後の確率分布では，現実の具体例を伴わない，何かしら別の宇宙のような話が出てきます。しかし，それらの抽象的な道具たちが，**推測統計**に入って重要な役割を演じはじめます。本章を読んでいる段階で，それらがよく分からないようであれば，まずは読み流しておいて，推測統計でこれらが活躍しはじめた段階で再び本章に戻り，その意味を確認してみてください。

確率論とは何だろう 67

確率論で扱う偶然とは……

怖いよー

何が起きるかわからないぞ

不確実

ではなくて……

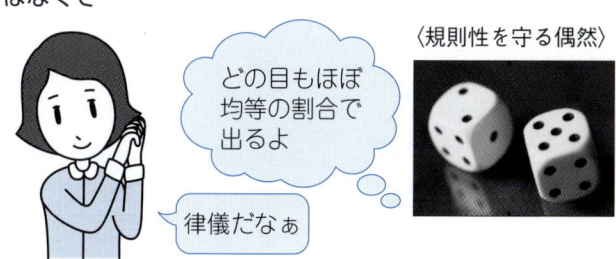

どの目もほぼ均等の割合で出るよ

律儀だなぁ

〈規則性を守る偶然〉

コラム　確率論の起源

　確率論は，数学者であるブレーズ・パスカル（1623-1662）とピエール・ド・フェルマー（1607 か 1608-1665）が交わしたシュヴァリエ・ド・メレの問題とその関連する諸問題の往復書簡から始まるといわれます。シュヴァリエ・ド・メレの問題はギャンブルの勝敗や掛金の配分に関する問題で，パスカルはフェルマーとの往復書簡を通じて，場合分けを使った確率計算やギャンブルの期待配当となる期待値という確率論の基礎を作りました。

確率論と統計学の違い

本論に入る前に,まずは確率論と統計学の違いを再確認しましょう。確率論と統計学は同じではありません。高校などでは確率と統計はひとまとまりとして教えられることが多いですが,けっして同じ学問が2つの顔を持っているわけではありません。まとめられるのは,この2つが非常に似た考え方,物事のとらえ方をするからで,また両者を学ぶ際に別々に切り離せない部分があるからです。

まず,確率論は不確実な現象から確実な性質を見出して,それを活用する学問領域です。したがって,不確実な現象の理解やその組合せを用いた応用などが主な関心領域です。ギャンブルという実益に直結しうる応用分野が確率論の成立初期に重要な役割を演じており,実用と抽象的理論の間で成長してきた領域でもあります。

一方,統計学は自然科学からではなく,国家の国力を測るための調査から始まりました。1690年のウィリアム・ペティの『政治算術』では,統計調査の情報が集約,比較検討されました。その後,天文学の進歩の中で,ガウス,ケトレー,ゴセット,ピアソン,フィッシャーなどの数学者・統計学者が,確率論の助けを用いて,自然科学にも社会科学にも使われる推測統計へと発展させました。そのため,近代的な統計学を学ぶ際には確率論の基本部分を理解することが不可欠になりました。なお,確率論の成立期にはデータを集めて特徴をつかむという作業が行われましたし,平均という概念や分散という概念は,確率論にも統計学にもあります。したがって,相互に影響し合いながら発展してきたと考えるのが妥当でしょう。

まとめると,**不確実性に関心を持ち,それらの性質や利用を試みるのが確率論**,**不確実性を上手に処理して調査対象の特徴をつかもうとするのが統計学**ということになります。

確率論と統計学の違い　　　　　　　　　　　　　69

確率論は……

詳しく知りたいなぁ

? %　? %
← 不確実

不確実　　　　　不確実

不確実を組み合わせて何か
よいことに使えないかなぁ

統計学は……

偶然に収集した標本から
調査対象の特徴を知りたい

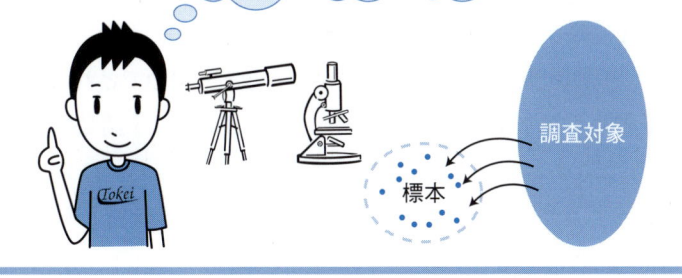

調査対象
標本

確率論の基本作法：まずは基本用語から

確率論の基本作法を学びましょう。最初は用語からです。まず，確率現象を起こすことを<u>試行</u>といいます。その結果で最も基本的なものを<u>根元事象</u>といいます。根元事象自身やその組合せを<u>事象</u>といいます。例えば，サイコロを1回振って1が出たとき，1の目は「根元事象」でもありますが，奇数の目が出るという「事象」でもあります。次に根元事象の集まりを<u>標本空間</u>といいます。また，サイコロの例では8が出るとか，−0.1が出るということはありませんから，それらをまとめて<u>空事象</u>といいます。空事象ではない全ての起こりうる事象を総称して，<u>全事象</u>といいます。

さらに，ある事象が起きない場合のあらゆる事象を<u>補事象</u>といいます。例えば1回サイコロを振って奇数が出る事象の補事象は，2か4か6という偶数の目が出る事象です。一方，ある事象が起きたときに同時に起きない事象を<u>排反事象</u>といいます。1か2の目が出る事象の排反事象は，3の目が出る事象などになります。

そして，確からしさの程度や割合を表す量を，<u>確率</u>と呼びます。「率」とは程度や割合のことです。確率は，0以上1以下の値をとり，**全事象の起きる確率は1となります**。確率は，0から1までを基準にした定規で，0.1や0.95という数値も使いますが，同時にそれをパーセンテージで，10％や95％と表現することもあります。

確率は確からしさの程度と述べましたが，<u>面積</u>だと考えると便利です。**1という全体の面積のうちある事象がその中でどれだけの面積を占めるか**と考えて，ある事象Aの起きる確率を関数を使って$P(A)$としましょう。歪みのないサイコロを1回振って1が出る事象をAと名づけたら，Aの起きる確率は$P(A)=\dfrac{1}{6}$となります。

確率論の基本作法：まずは基本用語から

> 確率で使う用語をサイコロを1回振る場合で表すと……

▶基本用語

- ■試行：サイコロを1回振ること
- ■根元事象：{1の目}，{2の目}，{3の目}，{4の目}，{5の目}，{6の目}
- ■標本空間：{1の目，2の目，3の目，4の目，5の目，6の目}

> { }はグループを意味していて、「集合」と呼ぶんだ。{A}はAが出るという意味の集合で、{A, B}はAまたはBが出るという意味の集合を表しているよ。

▶事象に関する用語

- ■事象：{1の目}，{3の目，4の目}，{奇数の目}，{2より大きい目}など
- ■全事象：{1の目，2の目，3の目，4の目，5の目，6の目}
- ■空事象：{-3の目}，{3.5の目}，{3より小さいかつ4より大きい目}など
- ■奇数が出る事象：{1の目，3の目，5の目}

  「奇数が出る事象」の補事象：{2の目，4の目，6の目}

  「1か2が出る事象」の排反事象：{3の目}，{5の目，6の目}，{3より大きい目}など

▶確率の表現方法

歪みのないサイコロを1回振って偶数が出る事象を B とすると，その確率は

$$P(B) = P(2の目) + P(4の目) + P(6の目)$$
$$= \frac{1}{6} + \frac{1}{6} + \frac{1}{6} = \frac{1}{2}$$

というように，まるで「面積」のように計算できる。

確率の考え方：ベン図から加法定理まで

確率を面積で表現すると便利だと述べましたが，確率を具体的に面積として表現したものをベン図といいます。ベン図ではそれぞれの事象に確率に相当する面積を割り当て，確率を面積のように計算します。例えば，補事象はA^cと書いて，Aコンプリメント（Aを補足したら全体になる部分）と呼ぶと，その補事象の確率（面積）は$P(A^c) = 1 - P(A) = \frac{5}{6}$となります（図4-1）。

他に，ある事象Aともう一つ別の（背反）事象Bのどちらでもよいので起きる確率$P(A \cup B)$を考えましょう。∪は「または」を意味します。別のいい方をすれば，**ある事象またはもう一つの（背反）事象が起きる確率**となります。このとき，この確率は両者の確率の和の$P(A \cup B) = P(A) + P(B)$となります。このように和で結ぶ事象を和事象といいます（図4-2）。

次に，ある事象Aの中に含まれる一部の事象$\hat{A}$（Aハットと読む）の起きる確率$P(A \cap \hat{A})$を求めましょう。∩は「かつ」を意味します。はじめに事象Aの中で対象となる一部の事象$\hat{A}$がどれだけを占めるか，$\frac{P(\hat{A})}{P(A)}$を求めます。これは事象Aが起きると分かった上で，事象$\hat{A}$が起きる確率です。そして，事象A自身が起きる確率$P(A)$を求め，$P(A \cap \hat{A}) = P(A) \times \frac{P(\hat{A})}{P(A)} = P(\hat{A})$のように掛け合わせます。この計算は，**事象$A$が起きて，かつその中の一部の事象$\hat{A}$が起きる確率**を意味します。このように積で結ぶ事象を積事象といいます（図4-3）。

また，和事象と積事象を用いて，図4-4のように，排反事象ではない事象も合わせた和事象（AまたはBまたはCが起きる）の確率$P(A \cup B \cup C)$が計算できます。重複部分を積事象としてその確率を引く点が特徴です。これを加法定理といいます。

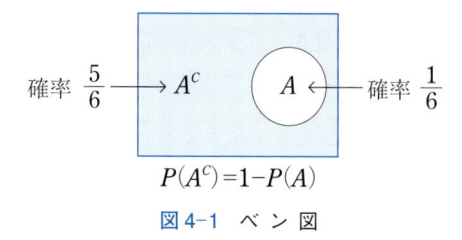

確率の考え方：ベン図から加法定理まで　　　　　　　　　　73

確率 $\frac{5}{6}$ → A^c　　A ← 確率 $\frac{1}{6}$

$$P(A^C)=1-P(A)$$

図 4-1　ベ ン 図

A　B　**和事象** AまたはB　　AまたはB が出る

$$P(A\cup B)=P(A)+P(B)$$

図 4-2　和事象とその確率

A　$\hat{A}$　**積事象** Aかつ$\hat{A}$　　$\hat{A}$

$$P(A\cap \hat{A})=P(A)\times \frac{P(\hat{A})}{P(A)}=P(\hat{A})$$

図 4-3　積事象とその確率

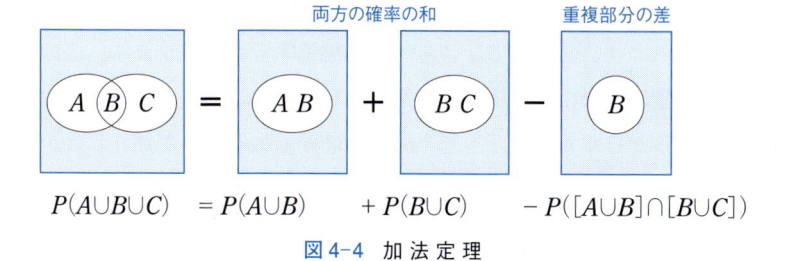

両方の確率の和　　　　　　　　重複部分の差

A B C ＝ A B ＋ B C － B

$P(A\cup B\cup C)$ ＝ $P(A\cup B)$ ＋ $P(B\cup C)$ － $P([A\cup B]\cap [B\cup C])$

図 4-4　加 法 定 理

🔵 確率変数では期待値と確率分布が大事

確率には「事象」と「確率」があることを学びました。これらをまとめる表現方法があります。それが**確率変数**で、中学校や高校までに学んできた単なる「変数」とは少し違います。確率変数とは、変数に確率を伴ったものです。中学校や高校までの「変数」は数が変わりうるものとして定義しました。まさに確率変数もサイコロの出る目のように数が変わりますが、**同時にその背後に確率を伴います**。例えば、サイコロの目が 1 ($X=1$) の場合の確率が $\frac{1}{6}$、サイコロの目が 2 ($X=2$) の確率が $\frac{1}{6}$ という要領です。したがって確率変数には変数部分と確率部分があると考えてください。変数部分は $X=1$ や $X=2$ のように、そのまま表現可能ですが、確率部分は後に学ぶ確率関数や密度関数という関数で表します。

確率変数を使えば、その特徴を表現することができます。それが**期待値**と**確率分布**です。期待値は**変数の特徴の表現で、平均や分散を表せます**。一方、確率分布は**変数部分の値とその確率の対応を表したもので、確率の特徴の表現**です。確率変数の特徴はこの期待値と確率分布で表すことで、どのような性質を持つかが理解できます。そのため、この2つは大変重要です。

なお、確率変数において、サイコロの目やコインの表裏のように、変数の値が切れ切れとなっているものを**離散確率変数**、ボール投げの距離のように切れ目のないものを**連続確率変数**と呼びます。この両者を分ける理由は、確率や確率分布を利用する際に、扱い方が少し変わるからです。ただ、基本的には計算上の取扱いが違うことを除けば、同じようなものだと思ってよいでしょう。

確率変数では期待値と確率分布が大事　　75

> 確率変数とは……

▶確率変数 $\begin{cases} 変数としての顔 \\ \quad X=1,\ X=2,\ \cdots \\ 確率としての顔 \\ \quad P(1)=\dfrac{1}{6},\ P(2)=\dfrac{1}{6},\ \cdots \end{cases}$

中学や高校で学ぶ変数は確率部分がない

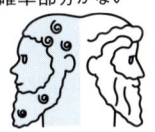

▶離散確率変数

サイコロ投げ：
1, 2, 3, 4, 5, 6

コイン投げ：
表, 裏

▶連続確率変数

ボール投げ：
11.2m, 28.7m, 31.2m

体重測定：
23.4 kg, 48.6 kg, 63.5 kg

コラム　サイコロの目はなぜ均等の確率なのか

> 歪みのないサイコロの目やコインの表裏など、確率を割り当てる際には、通常全てを等しい確率にします。では、同じ確率なのでしょうか？　これは等確率の原理といって、本当に正しいかどうか分からないけれども、基本原則としてそうしようと考えているのです。

関係を表す確率の表現：同時確率，周辺確率，独立性

複数の事象の関係を，確率で表現する方法もあります。ある事象Aと別の事象B，両方を満たす事象が起きる確率を同時確率と呼び，$P(A, B)$や$P(A \cap B)$と表現します。なお，同時確率は前述した積事象の確率$P(A \cap B)$と同じですが，代わりに$P(A, B)$を使い，排反する和事象$P(A \cup B)$は$P(A) + P(B)$と書くのが一般的です。

同時確率が分かっていて，一つの事象や一部の事象に限った確率を見たい場合は，周辺確率という**一部に絞った確率**を求めます。例えば，事象Aと事象Bの同時確率$P(A, B)$が全て分かる際に事象Aの起きる確率$P(A)$を求めることを「周辺確率を求める」といいます。計算方法は表4-1のように消したい側の事象(勉強か遊ぶか)の確率を全て足して，残したい事象（高得点か低得点か）の確率を求めます。周辺とは確率を計算する際，消したい側の事象の確率を表の端（周辺）に集計することに由来します。

また，同時確率を$P(A, B) = P(A|B) \times P(B)$のように掛け算で表すこともできます。ここで，$P(A|B)$は条件付確率と呼び，**事象$B$が既に起きてしまった状態で，事象$A$の起きる確率**を表します。すなわち，$P(A, B) = P(A|B) \times P(B)$は「事象$B$が既に起きてしまった状態で，事象$A$が起きる確率」かつ「事象$B$が起きる確率」で，「事象$A$が起きてかつ事象$B$が起きる確率」と同じ意味になります。事象$A$と事象$B$を入れ替えた$P(A, B) = P(B|A) \times P(A)$ $[= P(A|B) \times P(B)]$でも，同じ同時確率で表現できます。

事象Aと事象Bが一切関係ない場合を考えましょう。このときは，「事象Bが既に起きている状態で，事象Aが起きる確率」も「事象Aが起きる確率」も同じになります。これを(確率的に)独立といいます。独立なら，同時確率は$P(A, B) = P(A) \times P(B)$と書けます。

関係を表す確率の表現

▶同時確率

$P(A, B)$
↑
ある事象 A と別の事象 B の両方を満たす事象が起きる確率

例えば

$P(試験で高得点, 真剣に勉強) > P(試験で高得点, 遊ぶ)$

▶周辺確率

B の全事象を $B_1, B_2, B_3, \cdots$ と書くと、$P(A, B)$ の周辺確率 $P(A)$ は次のように求められる。

$P(A) = P(A, Bの全て) = P(A, B_1) + (A, B_2) + \cdots$

例えば

$P(試験で高得点) = P(試験で高得点, 真剣に勉強)$
$\qquad\qquad\qquad + P(試験で高得点, 遊ぶ)$

表 4-1 周辺確率の表による求め方

	高得点	低得点
勉 強	40%	10%
遊 ぶ	5%	45%
周辺確率	45%	55%

← 表の周辺に確率を書くため、「周辺確率」という

▶条件付確率

$P(A, B) = \underline{P(A \mid B)} \times P(B)$
↑
事象 B が既に起きてしまった状態で、事象 A が起こる確率

例えば、   真剣に勉強をした上で高得点をとる確率

$P(高得点, 勉強) = P(高得点 \mid 勉強) \times P(勉強)$

独立なら同時確率は、$P(A, B) = P(A) \times P(B)$ という関係になる。

確率変数とその計算：関数，期待値，平均，分散，共分散

　確率変数には変数部分と確率部分があり，変数部分は見えるものの，確率部分はそのままでは見えないと述べました。では，確率変数で確率をどう表すのでしょうか？　離散確率変数の場合に使われるのが**確率関数**です。例えば，サイコロを振って出る結果の事象をXとすると，確率関数は$P(X)$で表現します。また，連続確率変数の場合は**密度関数**を用います。例えば，ボール投げの距離を表す事象をXとすると密度関数は$f(X)$で表します。なぜ，確率関数と密度関数を区別するのかというと，確率関数は変数の値を与えれば，そのまま確率が求まるのですが，密度関数はその値が実際には，言葉の由来に当たる**確からしさの密集度**にすぎず，意味がないからです。例えば，ボール投げで，50 mに寸分違わず落ちる確率はほぼ皆無でしょう。45 mから55 mのように幅をとれば飛躍的に確率が上がりますが，ある一点に落ちる確率はほぼないため，別に扱うのです。

　確率変数には特徴を表す定数があります。これを**期待値**と呼びます。確率変数Xの期待値は平均とほぼ同義です。また，統計学にある**分散**も確率論にあります。ただ，分散の計算は期待値を使って表現します。また，期待値は平均や分散だけでなく，変数間の関係を表す**共分散**も作り出します。これらの関係は右頁に示しました。なお，確率変数の期待値は離散確率変数，連続確率変数にかかわらず**期待値オペレータ**を使い，$E(X)$と表現します。また，確率変数Xの分散は**分散オペレータ**を使い，$Var(X)$と表現します。2つの確率変数XとYの共分散は**共分散オペレータ**を使い，$Cov(X, Y)$と書きます。なお，統計学と同様，$Cov(X, Y) = 0$なら**無相関**といいます。ただし，オペレータは簡便表記にすぎず，詳しい計算が必要ならば本来の期待値の計算に戻らなければなりません。

確率変数とその計算：関数，期待値，平均，分散，共分散　79

確率変数における確率の表し方

離散確率変数のとき……　確率関数：$P(X)$
　X を決めれば確率が求まる。
連続確率変数のとき……　密度関数：$f(X)$
　X の幅をとると確率が求まる。
　　　　　　　　　　　↑
　　　　　　　　起きやすさの密集度
　　　　　　　　を表現する関数

確率変数の特徴を表す定数：期待値

期待値：$\mathrm{E}(X)$ ←── 平均（54 頁参照）とほぼ同じ意味

分散や共分散も期待値 $\mathrm{E}(X)$ で表現できる。

分　散：$\mathrm{Var}(X) = \mathrm{E}[(X - \mathrm{E}(X))^2]$
共分散：$\mathrm{Cov}(X, Y) = \mathrm{E}[(X - \mathrm{E}(X))(Y - \mathrm{E}(Y))]$

$\mathrm{Cov}(X, Y) = 0$ ならば無相関という。
無相関は確率変数の 2 変数の相関関係がないことを意味する。

コラム　期待値の期待値

　期待値の期待値はどんな値になるのでしょうか？ そのために，まず期待値は何かを確認しましょう。期待値は確率論で使われるので，確率変数でしょうか？ 本書を注意深く読んだ人は分かると思いますが，期待値は確率変数ではなく定数です。なぜなら，確率論は不確実な現象の安定的な特徴を表す値として期待値を用いるからで，これが不確実では困りものです。
　定数の期待値は定数なので確率変数 X の期待値の期待値は，$\mathrm{E}(\mathrm{E}(X)) = \mathrm{E}(X)$ になります。

🔵 期待値の意味

「期待」という語感から，将来に夢を持つようなイメージを浮かべるかもしれません。ただ，確率論での期待値は，**確率現象を無限回に繰り返して得た結果の平均**という意味で，統計学の限られた回数の平均とも少し意味合いが違います。無限回の平均に意味があるのかと思うかもしれませんが，非常に重要な意味があります。確率上の平均である期待値は**確率現象のオヘソ**のようなものです。

どんな確率現象もたとえ有限回の平均の場合でも，その回数が増えるに従い，無限回の平均である期待値に近づきます。期待値とはまさにその近づく先の値であり，繰り返しその確率現象を行うなら，期待値を平均として見積もってよい（＝期待してよい）ことになるのです。また，期待値と試行回数を掛け合わせれば結果の値の和を見積もる（＝期待する）こともできます。

なお，期待値は，無限に確率事象を繰り返した場合，各根元事象が何割程度起きるかを表すそれぞれの**根元事象の確率と確率変数の積の総和**で算出します。平均なのに確率という割合で計算するのは不思議かもしれませんが，無限回で割る平均ができないので確率で平均を計算するのです。例えば10回コインを投げ，表が出れば1点，裏が出れば0点とすると，8回表，2回裏が出た場合，回数による$\frac{1}{10}(8\times 1+2\times 0)$とする平均も，表80％・裏20％として$0.8\times 1+0.2\times 0$（$=\frac{8}{10}\times 1+\frac{2}{10}\times 0$）とする平均も，結果は同じです。すなわち，$x_i$という確率変数の値が確率$P(x_i)$で起きるなら，その積$x_i P(x_i)$のようにして，全ての根元事象で積を求め，それを合計します。離散確率変数XにT種類の出方があれば，期待値$E(X)$は$\sum_{i=1}^{T} x_i P(x_i)$となります。

期待値とは……

期待値とは確率論の平均。また「確率変数の重心」ともいう。理由は，何度も試行した結果を算術平均すると，その結果は期待値に近い値になるから。まさにオヘソのような要の値。

期待値の作り方 （サイコロを例に）

確率変数の値／　＼確率変数に対応する確率

$$\text{サイコロの期待値} = 1 \times \frac{1}{6} + 2 \times \frac{1}{6} + 3 \times \frac{1}{6} + 4 \times \frac{1}{6} + 5 \times \frac{1}{6} + 6 \times \frac{1}{6}$$

$$= \sum_{i=1}^{6} x_i P(x_i) = \frac{21}{6}$$

$x_1=1$ はサイコロが1の目，$x_2=2$ はサイコロが2の目という意味

数式で示すと……

確率変数の値／　＼確率変数に対応する確率

$$E(X) = x_1 P(x_1) + x_2 P(x_2) + \cdots x_T P(x_T) = \sum_{i=1}^{T} x_i P(x_i)$$

▶ Σ（シグマ）の意味

変えていく数値の最後の値
掛け算

$$\sum_{i=1}^{T} x_i P(x_i) : x_1 P(x_1) \text{ から } x_T P(x_T) \text{ までの合計を表す}$$

↑　＼変えていく数値の最初の値
変えていく数値を表す記号

🔵 無相関と独立の違い

　相関係数やこれまでの確率論で，共分散が 0 ならば，無相関だと学びました。では，無相関とは相関が無いという意味ですから，変数間に一切関係がないといえるのでしょうか？　微妙ですが，実は違います。こういう微妙な違いは分かりにくいですが，違いの分かる人になると，物事の機微やバランス感覚が養われてきます。

　無相関の場合，仮に確率的に関係があったとしても，少なくとも確率変数 X と確率変数 Y の「変数部分」の変動関係が互いにうまく打ち消し合っていれば，相関しているようには見えず，無相関となるのです。したがって，確率変数の変数部分さえ関係していなければ，無相関といえることになります。

　一方，確率変数 X と確率変数 Y の変数がどのような性質であれ，**両者が確率的に一切関係していない**ならば，確率変数の関係など考えるまでもなく，無相関になってしまいます。このとき両者が確率的に一切関係していない状態を，同時確率で学んだ独立といいます。したがって，独立は無相関よりも強い性質を持つといえます。

　無相関である場合，確率論的には変数上の関係はありません。しかし，2 つの現象の間の本質的な確率上の関係までは分かりません。別の言い方をすれば，無相関だからといっても，確率上は独立ではない変数間で，変数上の関係でたまたま無相関になることもありえますし，両者が確率上の一切関係のない独立だったということもありえます。そのどちらかは，相関だけでは分かりません。すなわち，確率変数には変数上の関係と確率上の関係という 2 つの関係があることに注意しましょう。第 2 章のコラム（27 頁）では相関関係と因果関係の違いを述べましたが，相関関係は本来物事の関係を根源的に表現する基準ではないことにも注意しましょう。

同じ無相関（Cov$(X, Y)=0$）であっても違いがある

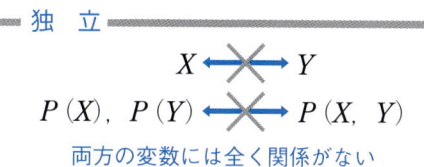

―― 独 立 ――
$X \longleftrightarrow Y$
$P(X), P(Y) \longleftrightarrow P(X, Y)$
両方の変数には全く関係がない

↓ 独立なら無相関

↑ 無相関なら独立（×）

―― 無 相 関 ――
$X \longleftrightarrow Y$
確率変数で見れば相関関係はない……

$P(X), P(Y) \longleftrightarrow^{?} P(X, Y)$
確率上では関係があるかもしれない……

離散確率変数の分布：二項分布, 一様分布, ポアソン分布

　確率変数の変数面の特徴である期待値や相関について述べたので，次に確率面の特徴を表す分布を見ていきましょう。これを**確率分布**といいます。確率分布は**確率変数の値とその確率を対応させたもの**で，期待値が確率変数の変数面の特徴を描写するのに対して，確率変数の確率面の特徴を表します。確率分布は現実的な事例を持つ具体的な確率分布から，現実的な事例のない抽象的な確率分布まであります。まずは，現実的な事例のある，離散確率変数の確率分布を見ていきましょう。その次に，現実的な事例のない抽象的な連続確率変数の確率分布を見ていくことにします。

　まず，最も単純な確率分布は，コインの表裏のように2つの根源事象しかない確率現象を表すものです。これを2つしか事象がないことから**二項分布**といいます。一方の出る場合の確率変数を $X=0$ として確率を $P(0)=p$ とし，もう一方は $X=1$ として確率を $P(1)=1-p$ として，右頁のように確率分布を書きます。

　また，サイコロのような複数の出方のあるものの場合，いかさまサイコロでなければそれぞれの出方に対する確率は同じと考えられますから，同じという意味を込めて**一様分布**と呼びます。この場合，根源事象の種類が N とすると，それぞれの確率は $\frac{1}{N}$ となります。

　また，突然変異や交通事故のように，めったに起きない事柄を表現する**ポアソン分布**と呼ばれるものもあります。ポアソン分布は，一定の間に平均に何回起きるかさえ分かれば，細かな試行回数（例えば，何個卵が生まれるか，その道路を何人横断するかなど）を知らずとも，目的とする事象が起きる確率が求まる特殊な分布です。その他，ここには紹介しきれない多くの確率分布があります。

離散確率変数の分布：二項分布，一様分布，ポアソン分布　85

離散確率変数の確率分布の例

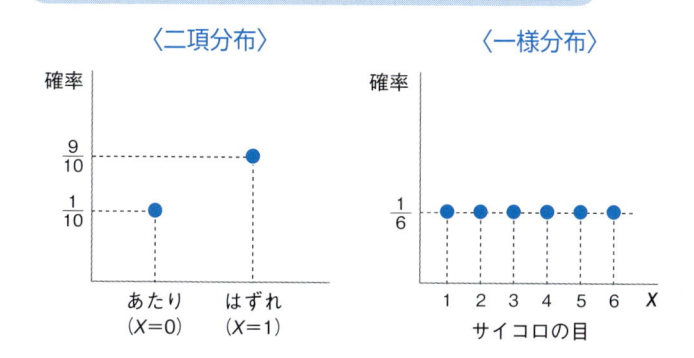

〈二項分布〉

確率

$\frac{9}{10}$
$\frac{1}{10}$

あたり　はずれ
($X=0$)　($X=1$)

〈一様分布〉

確率

$\frac{1}{6}$

1　2　3　4　5　6　X
サイコロの目

〈ポアソン分布〉

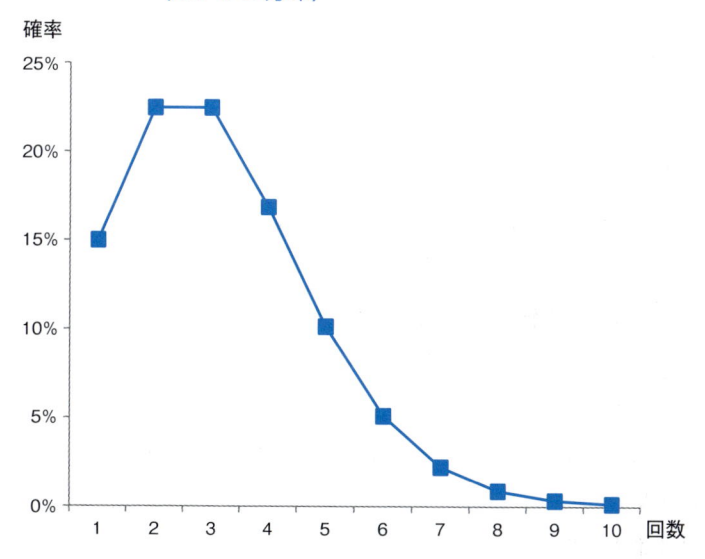

確率

25%

20%

15%

10%

5%

0%
　1　2　3　4　5　6　7　8　9　10　回数

＊自然現象で突然変異が起きる確率。上図は平均3回の突然変異が起きる場合。

連続確率変数の分布：正規分布, t 分布, χ^2 分布, F 分布

次に，抽象的な連続確率変数の確率分布を見ていきましょう。まずは，その中でも比較的現実的な例が多いとされる**正規分布**です。英語では"normal distribution"といい，この"normal"は「よくある」とか，「ありふれた」という意味で，それが正規という言葉に置き換えられたにすぎません。したがって，まさに**よくある**分布で，自然現象や工場で作られた製品の重さなどが平均を中心として左右対称なこの分析に近いことが知られています。正規分布は**中央値，最頻値，平均値が同じ**という特殊な性質を持ちます。平均が μ（ミュー）で，分散が σ^2（シグマ二乗）のとき，正規分布は $N(\mu, \sigma^2)$ と記します。また，確率変数 Z が平均 μ，分散 σ^2 の正規分布に従うともいいます。なお，平均値が0，分散と標準偏差が1である正規分布を**標準正規分布**といい，$N(0, 1)$ と記します。標準正規分布は正規分布の一番シンプルな形です。

次に紹介するのは全く抽象的な分布たちです。しかも，標準正規分布から作った特殊な分布で，現実例はありません。まず，標準正規分布に従う確率変数の二乗の n 個の和の確率変数が従う自由度 n の **χ^2（カイ二乗）分布**というものがあり，$\chi^2(n)$ とも書きます。次に，標準正規分布に従う確率変数を，χ^2 分布に従う確率変数で割った **t 分布**という確率変数があり，割る側の χ^2 分布の自由度から自由度 n の t 分布として，$t(n)$ とも書きます。最後に，2つの χ^2 分布に従う確率変数の比をとった確率変数が従う，**F 分布**があります。自由度が，分子は m，分母は n の χ^2 分布とすると，$F(m, n)$ と書きます。詳しい関係式は右頁に載せました。これらは全て正規分布から作られた分布たちで，大豆から美味しい豆腐入り味噌汁を作るように考えればいいでしょう。

連続確率変数の分布：正規分布，t 分布，χ^2 分布，F 分布

連続確率変数の確率分布の例

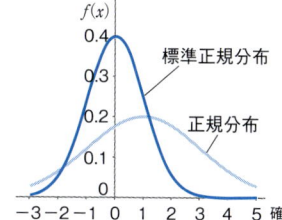

「従う」の意味

正規分布：$Z \sim N(\mu, \sigma^2)$

標準正規分布：$Z_S \sim N(0, 1)$

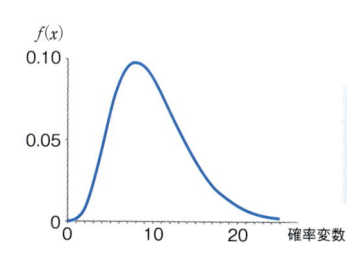

χ^2 分布：$Z_\chi \sim \chi^2(n)$

$Z_\chi = Z_{S,1}^2 + Z_{S,2}^2 + Z_{S,3}^2 + \cdots + Z_{S,n}^2$

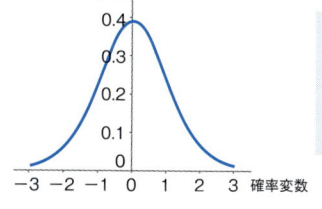

t 分布：$Z_t \sim t(n)$

$$Z_t = \frac{Z_S}{\sqrt{Z_\chi / n}}$$

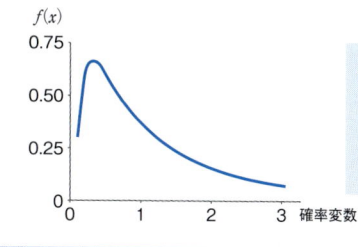

F 分布：$Z_F \sim F(m, n)$

$$Z_F = \frac{Z_{\chi,m}/m}{Z_{\chi,n}/n}$$

連続確率変数の分布の見方（1）

　今後よく使う連続確率変数の確率分布の見方を学びましょう。連続確率変数の確率分布のグラフは，横軸が確率変数の値，縦軸が密度関数の値になります（図 4-5）。標準正規分布は平均の 0 近辺が確率的に起きやすく，両端にいくにつれ確率が下がります。

　なお，密度関数の値は先に学んだように確率の密集度にすぎず，その確率は幅をとった面積で求めます。例えば，図 4-6 の標準正規分布の確率は，ある確率変数の値以下になる面積で求められます。このとき，ある確率変数の値以下になる確率をこの確率分布の下側全ての面積ということで，**下側確率**と呼びます。また，逆にある確率変数の値以上になる確率を**上側確率**と呼びます。

　グラフだけでは細かな確率や確率変数の値の関係が分かりません。この確率を見る際に便利なのが**分布表**で，通常は面積が分かる確率分布のグラフと分布表を併用して，確率やそれに対応する確率変数の値を求めます。例えば，標準正規分布の分布表はその内部に下側確率が示されています。一方，分布表の見出しはそれぞれ，行の見出しが確率変数の一の位と十分の一の位，上側の列の見出しが百分の一の位を示します。通常は，表内部の下側確率に対応する確率変数の値を求めます。例えば，下側確率 0.500（50％）に対応する標準正規分布の確率変数の値は分布表から 0.500 を見つけると，行の見出しが"0.0"，列の見出しが"00"なので $Z = 0.00$ であると分かり，同様に下側確率 0.6700 となる確率変数の値は $Z = 0.44$ と分かります。

　標準正規分布は下側確率ですが，t 分布は上側確率になります。また表の見方も，t 分布に必要な自由度が行見出し，上側確率が列見出し，表中に確率変数の値があります（図 4-7）。例えば，自由度 3 で上側確率 0.025 をとる確率変数の値は 3.182 だと分かります。

連続確率変数の分布の見方（1）　　　89

確率分布と分布表の見方

確率分布の面積は，確率を表しているんだな！

起きやすさの密集度　$f(x)$

全体の面積が1（100%）

x　確率変数の値

図 4-5　連続確率変数の確率分布のグラフ

$f(x)$

下側確率 0.5（50%）

下側確率 0.67（67%）

0　0.44　x

確率変数の百分の一の位

z	00	01	02	03	04
0.0	0.5000	0.5040	0.5080	0.5120	0.5160
0.4	0.6554	0.6591	0.6628	0.6664	0.6700

確率変数の一の位，十分の一の位

内部に下側確率の値

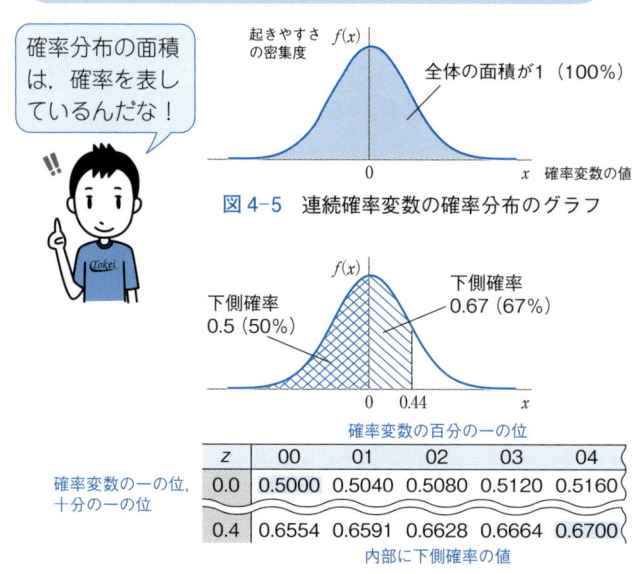

図 4-6　標準正規分布と分布表の関係

$f(x)$

上側確率 0.025（2.5%）

0　3.182　x

上側確率

例えば自由度3の場合……

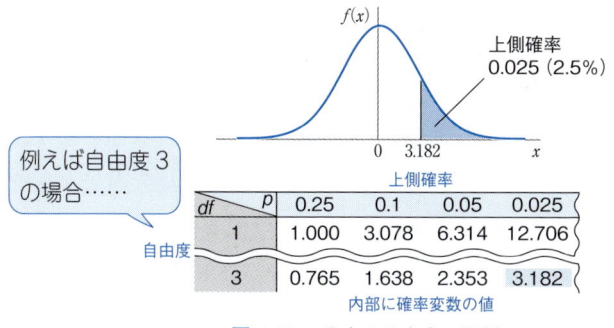

df	p	0.25	0.1	0.05	0.025
1		1.000	3.078	6.314	12.706
3		0.765	1.638	2.353	3.182

自由度

内部に確率変数の値

図 4-7　t 分布と分布表の関係

＊ 標準正規分布表，t 分布表は 198 頁，199 頁にあります。

連続確率変数の分布の見方（2）

分布表の見方を学んだら，次に今後の確率計算に必要な少々複雑な計算を学びます。その前に，上側確率と下側確率の関係を確認します。標準正規分布のように下側確率pが分かっている場合，上側確率は全体の1から引く$1-p$で得られます（図4-8）。

その上で，よく使われる確率とその確率変数の値の求め方を学びます。まず，**標準正規分布は0近辺が確率的に起きやすく，両端にいくにつれ確率が下がります。逆に，両端の確率は低い確率になります**。このよく起きやすい確率変数の値の限界，逆にいえばこの確率変数の値を超えるとめずらしいといえる値であるZと$-Z$を求めることが，今後何度も必要になります（図4-9）。このとき厄介なのは値がプラスとマイナスに2つあり，確率も分かれていることです。ただし，標準正規分布もt分布も0を中心として左右対称なので，まずはプラスで考えて，その値の符号を変えて対処します。

まず，よく起きる確率がqである場合，どの値までがよく起きる値かという限界の値Zと$-Z$を確率分布の下側確率を使い求めましょう。よく起きる確率は分布の中心部なので，まず1（100％）から引いて，めずらしい確率$1-q$を求めます。ただ，このままでは両側の確率なので，片側にするため2で割って上側確率$\frac{1-q}{2}$とし，再度1から引いた下側確率$\frac{1+q}{2}(=1-\frac{1-q}{2})$を求めます。この下側確率に対応する確率変数の値$Z$を標準正規分布表から求め，符号を逆にした$-Z$と合わせて求めます（図4-10）。

また，両端の確率がrである場合の限界の値Zと$-Z$を求める場合は，片方の確率に絞るために2で割って上側確率$\frac{r}{2}$を求め，1から引いた下側確率$1-\frac{r}{2}$からZを求めます（図4-11）。なお，t分布の場合はどちらのケースも上側確率のままで求まります。

確率分布の図を使った確率計算の基本

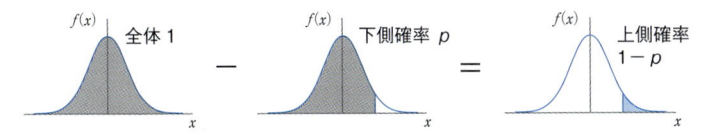

全体から下側確率を取ると上側確率が求まる

図 4-8　下側確率からの上側確率の求め方

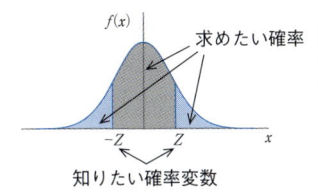

確率分布が左右対称なので，プラスの Z を求めて，マイナスは符号を変えるだけというのがポイント

図 4-9　今後必要な確率と確率変数の値

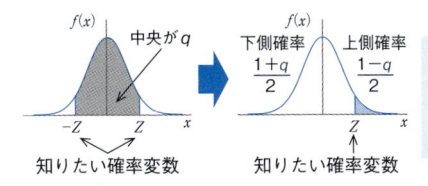

一方の端の確率が $\dfrac{1-q}{2}$ なので下側確率 $\dfrac{1+q}{2}$ となる Z を分布表から探す

図 4-10　正規分布における Z の求め方（1）：中央の確率が q の場合

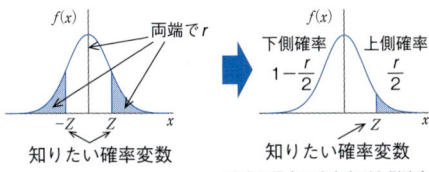

一方の確率が $\dfrac{r}{2}$ なので下側確率 $1-\dfrac{r}{2}$ となる Z を分布表から探す

t 分布の場合は分布表が上側確率なので標準正規分布より手間が少ない

図 4-11　正規分布における Z の求め方（2）：両端の確率が r の場合

🔵 現実離れした分布を使う理由

なぜ，t 分布をはじめとした抽象的な分布を学ぶのでしょうか？実は，具体的な例のある分布よりも抽象的な分布の方が統計学では頻繁に用いられます。それが理由だからとしてしまえばそれまでですが，もう少しその理由を，先回りして述べてみましょう。

抽象的な分布は，それ自身には現実的な例がありませんが，様々な確率分布も，計算加工してあげると，徐々にではありますが，**抽象的な分布に近づいていきます**。すなわち，計算加工によって，現実的な世界が抽象的な世界に近づいていくのです。ここで，発想を転換すれば，現実の分布が分からない場合，うまく計算加工してあげれば，抽象的な分布に近くなっていると考えて，抽象的な分布だけを考えればよくなりそうです。

また，一部の重要な情報が不明で，なおかつ偶然を使って収集した標本しかない場合でも，これらの抽象的な分布のおかげで統計分析が可能になります。その意味では，確率論で得られたこれらの抽象的な分布は，実際の統計分析などで十分役立っているのです。

抽象的だから分からなくてよいとか，何をやっているのか分からないからあきらめてしまおう，と食わず嫌いにならずに，こういった抽象的な世界観も巡りめぐって現実に役に立つのだなと考えてもらえれば，と思います。なお，最初に述べましたが，今はよく分からなくても，その実際的な使い方が後で出てきますので，まずは分からないなりに読み流しておいて，後で戻ってきて詳しく検討してもよいので，後で読めばいいからと，読み飛ばすことだけはせずにとりあえず眺めておいてください。次の第 5 章では，確率論と統計学の接点，そして双方を支える重要な 2 つの定理について学んでいきます。

第5章
統計と確率の関係
──推測統計の入り口

統計学の全体像	第1章 統計学の役割と全体像	
統計学の基本	第2章 データの種類と収集方法	
	第3章 基本的な統計手法	
一歩進んだ統計学の考え方	第4章 確率論の基礎	
	第5章 統計と確率の関係	
一歩進んだ統計学の分析方法	第6章 推　定	
	第7章 仮説検定	
さらに発展的な統計学の分析方法	第8章 相関を推測する回帰分析	

対象とするデータと特徴の名前：統計学の基本用語

標本，母数など，これまで本書で使ってきたデータに関連のある言葉をまとめましょう．まず，知りたい調査対象全体を**母集団**と呼びます．母集団とは調査対象となる元の集団という意味で，先に学んだ調査などで収集するデータはこの母集団の一部または全部です．また，母集団のそれぞれのデータを母集団の**要素**と呼びます．

母集団の特徴や性質を表す様々な特性値を**母数**（パラメーター）と呼びます．母数はこれまで学んだ，平均や分散などの性質を表す値を指し，統計学はこの母数を知ることが主な目標です．また，例えば，母集団の平均は**母平均**，母集団の中の分散は**母分散**と簡略化して呼びます．母数は確率論でも平均や分散などを指すときにも使います．なお，統計学でも確率論でも，母数には不確実性がなく，確実に決まった**定数**であると考えます．また，統計学では，母集団の要素の値や要素の数を知ることはできないけれども，要素の値や要素の数には不確実性はなく，決まっていると考えます．統計学で母数や母集団に不確実性はなく，データ収集の際に不確実性が生まれると考えるのです．

調査や実験などで，データを得る行為を**抽出**と呼び，収集できたデータを**標本**といいます．標本とは見本というような意味です．また，標本の値を**標本値**といいます．また，母集団のそれぞれの要素の値で頻度を示したものを，**母集団分布**といいます．

なお，全数調査の場合，標本として全ての母集団の要素が揃うため，母集団の全要素と標本が一致します．一方，標本調査は文字通り母集団の一部の要素しかない状態で，母集団の情報を引き出そうと試みます．なお，全数調査は要素が全て揃うので，抽出方法は関係ありませんが，標本調査は一部を選ぶので無作為抽出が必要です．

対象とするデータと特徴の名前：統計学の基本用語

母集団

母集団の要素

標本

母集団分布

個数

母集団の要素の値

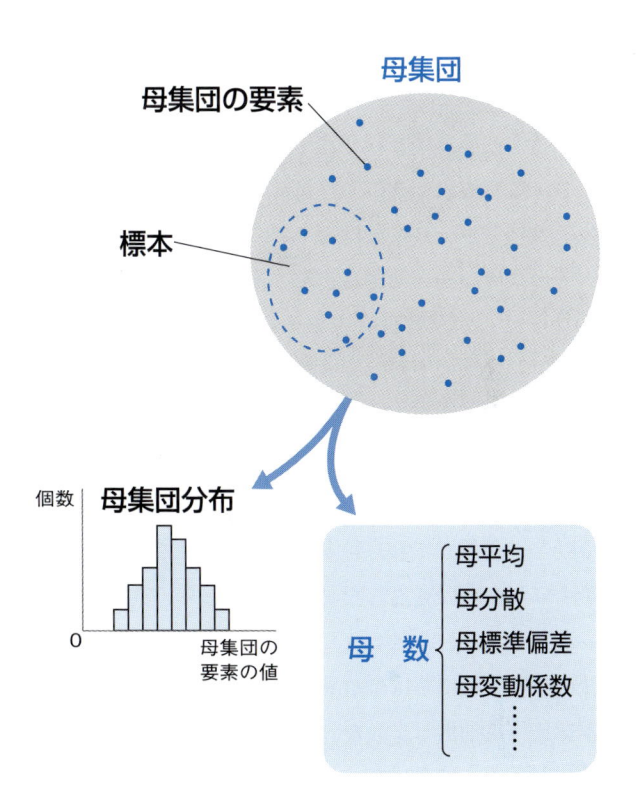

母 数
- 母平均
- 母分散
- 母標準偏差
- 母変動係数
- ⋮

母数は，母集団の特徴や性質を表す。

確率現象と標本抽出の相似

　第4章で学んだように、確率現象は、ある事柄が偶然に左右されて起きるため、どれが確実に起きるといえない現象を指します。なお、偶然とは予知ができない状態です。そこで、確率論では起きうる事象全体を面積1とし、ある事象が起きる確からしさの程度がどれだけの面積を占めるかという比率で、確率を定めました。

　このとき、確率現象を次のように考えることができます。根元事象を事象ごとにグループに分けた上で、偶然を使い、何回かの試行をして、その事象の起きた割合を求めます。やはり偶然なので、確実とはいえませんが、各根元事象の確率がおぼろげに分かります。少ない回数では心配ですが、膨大な数行えば、それはほぼ真実の確率に近い推測だと考えてよいのではないでしょうか。

　当然、真実の確率の割合と少しはズレますし、運が悪ければ全く違うかもしれません。しかし、真実が分からない状態ならば、少々のズレやリスクがあっても、目安が分かるだけでも大きな前進です。また、膨大に何度も繰り返した試行の結果なら、真の確率にほぼ一致していると考えてもよさそうです。

　一方統計学で、私たちは全数調査をしたいけれど難しいので、一部の標本を無作為抽出しました。無作為抽出は選択された標本の間が無関係（確率的に独立）なので、上述の確率と同様に、母集団の要素の割合と実際の標本の割合が対応すると考えてよさそうな気がします。また、統計学でも母集団の各要素の値の割合に応じて標本になる確率があるとも考えられそうです。そう考えると、**確率現象を試行する確率論の作業**と、**母集団から標本を抽出する統計学の作業**は似ていると考えることができます。この確率論の構図を活用しようというのが統計学の大きな発展の糸口になります。

確率現象と標本抽出

▶ 確率論の確率現象

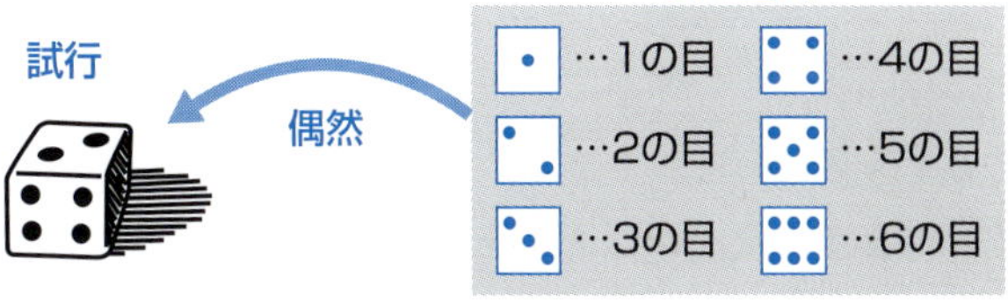

試行 — 偶然 → 標本空間

- ・…1の目
- ・・…2の目
- ・・・…3の目
- ::…4の目
- :・:…5の目
- :::…6の目

	1の目	2の目	3の目	4の目	5の目	6の目
10回	1	2	1	2	2	2
比率	10.0%	20.0%	10.0%	20.0%	20.0%	20.0%
100回	17	15	18	17	17	16
比率	17.0%	15.0%	18.0%	17.0%	17.0%	16.0%
1000回	171	168	169	161	164	167
比率	17.1%	16.8%	16.9%	16.1%	16.4%	16.7%

▶ 統計学の標本抽出

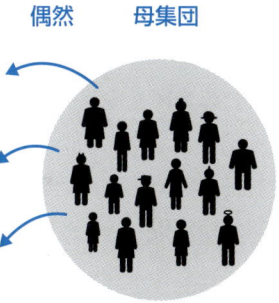

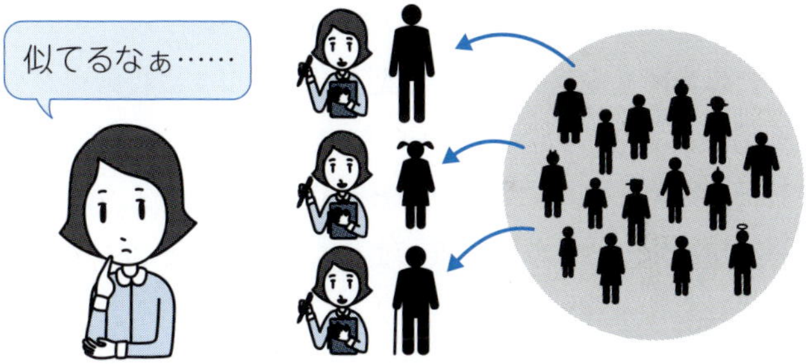

標本 ← 偶然 — 母集団

似てるなぁ……

	賛　成	どちらでもない	反　対
10人	4	4	2
比率	40.0%	40.0%	20.0%
100人	32	39	29
比率	32.0%	39.0%	29.0%
1000人	324	384	292
比率	32.4%	38.4%	29.2%

🔵 模型の役割，本物との違い：母集団と標本

統計学で，私たちが知りたいものは母集団の特徴を表す母数です。可能ならば，全数調査で母集団の情報を母数だけでなく，個々の要素も全て知りたいくらいです。しかし，私たちが分かるのは母集団から得た，ほんの少しの標本にすぎません。まずは，母集団と手元の標本の違いを確認しておきましょう。

ここで，母集団は全ての要素を持っています。一方，手元の標本はそのほんの一部です。母集団の要素の数も分かりません。無数かもしれませんし，ある程度の数で終わりかもしれません。手に入った標本は少なくとも10個程度，多くても1万個，1億個程度でしょう。1億個でも，母集団に無数に要素があれば，それはほんの一部にすぎません。このように，母集団と手に入った標本では大きな違いがあります。母集団は何でも情報を持っているのに対して，手に入った標本は母集団ほどには情報がないと考えられます。

このとき，母集団と標本を次のように例えると分かりやすいでしょう。**母集団を本物，標本を模型**と見るのです。自動車の本物と模型を想像してください。自動車の本物はまさに自動車で人も乗せられれば，遠いところにも行くことができます。一方，手のひらサイズの模型なら，残念ながら乗れませんし，遠いところにも行けません。では，なぜ模型があるのでしょうか？　模型を買う人はその自動車が好きで，ながめたり，机の上で動かしたりして楽しみたいのだと思います。たとえ乗って遠くに行けなくても，模型で十分満足できるのです。統計学もまさに同じです。**標本という模型が自分たちの知りたい母数や確率分布を教えてくれればいい**のです。ですから，少々の相違には目をつぶり，**重要な部分が同じであること**に関心を絞るのです。

模型の役割，本物との違い：母集団と標本　　　99

母集団と標本

本　物

母集団を知りつくしたいなぁ……

母集団

実際は無理だから……

模　型

小さい…

小さな模型（標本）でがまんしよう

標　本

特徴（母数）が分かれば良しとしよう

算術平均の不思議

平均は統計分析で最も基本で，最も重要な特徴を表す特性値だと第3章で述べました。実は平均には，<u>算術平均，幾何平均，調和平均</u>という複数の種類があります。ただ，ここで重要な平均は算術平均です。難しい表現に聞こえますが，日常生活で使う標本値を全て足しあげて，その標本数で割る，あの単純な平均です。

皆さんも何度も目にしたことのある通り，日常生活に密着している一方で，中流，真ん中を表すなどと多くの人々に誤解され，実感と違うので時に嘘つきと濡れ衣まで着せられる算術平均ですが，実は統計学や確率論では，本質的な役割を演じる非常に奥深い計算です。単に足して，割るという作業の中に，偶然で引き起こされた個別の様々な影響を打ち消し，個性を均(なら)して，個々の内側にある共通し，かつ安定した本質を浮かび上がらせる作用が含まれています。

また，統計学で使う分散や共分散，その他の特徴を表す母数の多くも，その算出過程で平均を使う計算がありますし，確率論でも分散や共分散などは平均を意味する期待値で書き直せます。すなわち，算術平均が様々に形を変えて用いられているのです。統計学では，この算術平均は切っても切り離せない存在なのです。

本書では，算術平均の威力を表す重要な2つの定理を学びます。一つは，統計学の目標でもある特徴を表す**母数と算術平均**に関する定理です。もう一つは，標本に関する**分布と算術平均**の関係です。統計学では母集団の分布を知る術はありません。そこで，標本を算術平均によって計算加工した結果が従う分布に注目します。

算術平均は統計学では要(かなめ)です。なお，厳密な説明は入門書では非常に難しいため，本書では2つの重要定理の分かりやすい説明に留め，詳細は上級のテキストや専門書に任せたいと思います。

平均のいろいろ

▶ **算術平均**　足し算の平均（相加平均）

$$\frac{x_1+x_2+x_3+\cdots+x_N}{N}=\frac{1}{N}\sum_{i=1}^{N}x_i$$

▶ **幾何平均**　掛け算の平均（相乗平均）

$$\sqrt[N]{x_1 \times x_2 \times x_3 \times \cdots \times x_N}$$

▶ **調和平均**　分数の平均

$$\frac{N}{\dfrac{1}{x_1}+\dfrac{1}{x_2}+\dfrac{1}{x_3}+\cdots+\dfrac{1}{x_N}}=\frac{N}{\sum_{i=1}^{N}\dfrac{1}{x_i}}$$

算術平均とは……

$$x_1+x_2+x_3+\cdots+x_N=\sum_{i=1}^{N}x_i \quad \text{まず全ての標本を足す}$$

$$\frac{x_1+x_2+x_3+\cdots+x_N}{N}=\frac{1}{N}\sum_{i=1}^{N}x_i \quad \text{次に，標本数 } N \text{ で割り，全体の量を標本1単位当たりに直す}$$

母集団の各要素〈個別性〉 —総和/全体化→ **全体の総量**〈全体性〉 —標本数で割る/再個別化→ **母集団の特性値！**〈共通性〉

算術平均は特徴を表す母数にも標本抽出した結果の分布にも，重要な役割を果たすよ！

特徴が模型と一致するか：大数の法則

統計学は確率論をどう活用するのでしょうか？ 統計学で母集団の各要素が一定の割合を持つと考えると，母集団には各要素別の値の出る確率がありそうです。しかし，問題になるのは，確率論では既に結果の種類が分かって試行するのに対して，統計学は母集団の要素の種類すら分からない点です。サイコロは6個の目がありますが，身長や体重の場合などは，母集団に要素になる値が何種類あるか分かりません。そのため，母集団の要素の割合を，標本の割合から知るのは難しそうです。一方，母数はどうでしょうか？

ここで，母数に関する重要な法則が一つあります。その法則は**大数の法則**と呼ばれます。大数とは多くの数という意味です。この大数の法則は，確率論では，平均の期待値が分かっている場合，無数に近いほど大きな数の試行の結果について算術平均をとると，算術平均値が平均の期待値に限りなく近く，またその確率も高まるという法則です。確率論で期待値は確率変数の値とその確率で求められます。一方，大数の法則は根元事象の種類やその比率を知らずとも，繰り返した試行の結果の算術平均で期待値に近い値が求められることを意味しています。これは統計学には朗報で，母集団の要素の値の種類や分布の情報が分からなくても，大きな標本数があれば，その算術平均値が母平均（母数）に限りなく近い値で，その確率も高いといえるのです（図5-1）。これで，統計学が知りたい母数に関する確度の高い情報は手に入ります。

標本でも，試行でも，無数に増やすのは現実的ではないと思うかもしれませんが，数を無数に増やせなくとも，できるだけ大きくすれば，その分，母数や期待値に近づくと考えられます。統計学では標本が多いほどよいというのは，大数の法則が，その一因です。

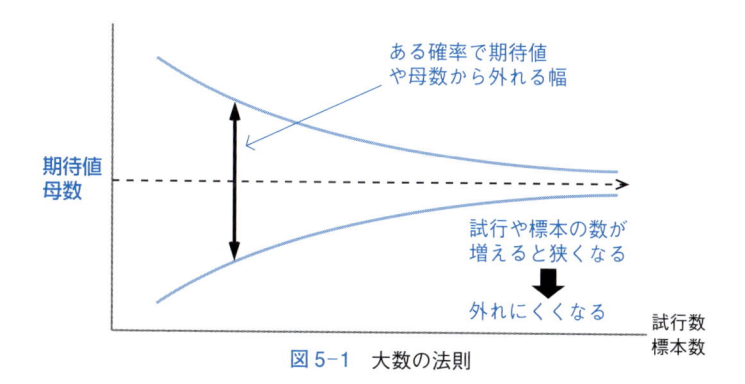

特徴が模型と一致するか：大数の法則　　　103

図中ラベル：
- 期待値 母数
- ある確率で期待値や母数から外れる幅
- 試行や標本の数が増えると狭くなる
- 外れにくくなる
- 試行数 標本数

図 5-1　大数の法則

> 試行数や標本数が多いと，算術平均値は期待値にどんどん近づいていく。
>
> ということは
>
> 試行数や標本数が多ければ，その分だけ算術平均値は期待値や母数により近い可能性高いと考えてよい。

コラム　標本数の望ましい数

　標本数は実際どれくらいだとよいかというと，やはり大きければ大きいほどよいということになります。ただ，データの種類によって入手可能な標本数に限りがあります。例えば，年ごとの時系列データだと 20 年分くらいでも，十分標本を確保できたことになりますし，いろいろな問題があると 10 個程度ということもあります。なお，本書より上級の内容では第 6 章で学ぶ区間推定を応用した，母数からの誤差を一定に抑える標本数を逆に求める方法もあります。

分布はどうなるのか：中心極限定理

　大数の法則は大変重要な法則で，母集団の特性値である母数に関する法則を示してくれました。では，分布はどうでしょうか？　私たちは既に学んだ通り，標本からは母集団がどんな分布かを知る由もありません。母集団の要素の種類が分からない以上，その確率や確率分布を知ることはできません。そして，確率論も統計学も全く分からないことを知る術はありません。

　ただ，他の分布の情報は分かります。先に述べた大数の法則は標本の算術平均でした。標本の算術平均値はいくら標本が大きくても，偶然に左右されるので，標本が変われば，計算された算術平均値も変わってしまいます。そうなると，算術平均も偶然によって決まる確率変数といえます。そして，この算術平均値の確率分布なら分かるというのが中心極限定理です。

　中心極限定理とは**元となる母集団の分布が仮に何であっても，標本数が多くなるにつれ，算術平均値は正規近似と呼ばれる変換計算によって，標準正規分布に近づく**というものです。正規近似という計算加工が難しく思えますが，正規近似自体は算術平均値を正規分布から標準正規分布に縮尺補正するにすぎず，特殊な変換ではありません。一方で，正規分布に導く計算加工は，実は単純な算術平均が担っています。すなわち，算術平均で正規分布に近づく形状になり，正規近似で「標準」正規分布にするよう縮尺補正するにすぎません。母平均は確率「変数」ではなく，「定数」です。しかし，標本全体を使った算術平均値は確率「変数」です。元の母集団分布が分からなくても，そこから無作為抽出して，算術平均した確率分布は正規分布だと見なせます。標本を算術平均した確率分布が使えるだけでも，非常に大きな進歩といえます。

分布はどうなるのか：中心極限定理

> 中心極限定理とは……

標本空間や母集団の分布は分からない……

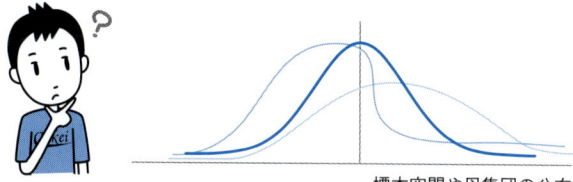

標本空間や母集団の分布

でも，標本 x_1, x_2, x_3, …, x_N を算術平均して正規近似すると標準正規分布に近づく。

$$\bar{x} = \frac{1}{N}\sum_{i=1}^{N} x_i \quad \rightsquigarrow \quad \frac{\bar{x} - \mu}{\sqrt{\sigma^2/N}}$$

← 正規近似は標準正規分布への単なる単位補正にすぎない

正規分布に近づける計算加工はこちら

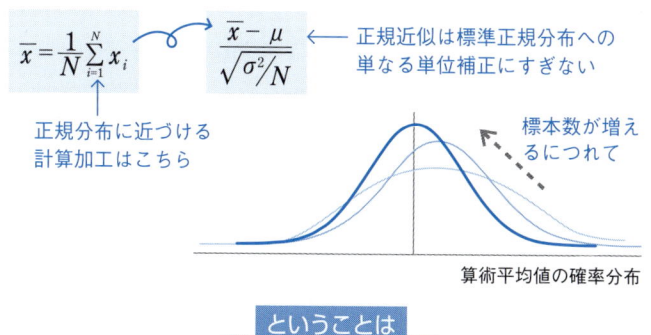

標本数が増えるにつれて

算術平均値の確率分布

ということは

試行や標本が多くあれば，その算術平均の確率分布は標準正規分布と見なして使ってよい。

2つの定理が示す意味：標本数は多いほどよい

　大数の法則と中心極限定理は，統計学を支える重要な2つの柱です。大数の法則は，算術平均という演算が統計分析の内部の計算過程に適切に組み込まれてさえいれば，単純な平均でなくとも，その他の特性値でも，母数に近づくという威力を発揮します。また中心極限定理も，多様で知ることもできない母集団分布が背後にあったとしても，算術平均と適切な変換をすることで，標本の計算加工後の結果が従う確率分布を，標準正規分布に均一化できます。

　こうしてみると，確率論でも，統計学でも，期待値や母数，確率分布や母集団分布という**重視する特徴**に，大数の法則と中心極限定理が威力を発揮しうることが分かります。統計学にとっては，母集団の全ての情報が正確に分かれば理想的ですが，それが無理なら，その特徴を表す母数にできるだけ近い値と，標本が確率変数である以上，母数から外れることを折り込むための推測値の確率分布が分かれば，模型としては上出来ともいえます。その意味で，統計学にとって，この2つの定理は非常に重要な役割を持つのです。

　では，この2つの定理の共通点は何でしょうか？　まず，条件面で，無数に多く（大きな数）の試行や標本が必要です。ただ，実際には無数にせずとも，より多くあれば，より正確にそれぞれの定理の性質を発揮できます。次の共通点は計算で，算術平均が核となる部分で用いられています。算術平均は試行や標本の結果の多様性を均す効果があります。偶然が持つ個性を打ち消して均されると，その裏側にある消えることのない共通性を引き出してくれます。その意味で，この2つの定理を統計学で活用するには十分な試行や標本と算術平均が必要だということが分かります。そして，確率論でも推測統計でも，算術平均が運よく重要な役割を演じているのです。

大数の法則と中心極限定理の共通点

1. 確率変数の期待値や母数，および確率分布や母集団分布という重要な特徴に関する定理。

2. 試行や標本が多いほど望ましい性質を得ることができるという特徴。

3. 算術平均という個性を均す作用を持つ計算が重要な役割を演じる。

確率・統計

大数の法則　中心極限定理

大数の法則と中心極限定理は確率と統計の2つの重要な柱なんだね。

推測統計の限界と妥当性

　推測統計は，偶然が持つ規則性を用いて，偶然によって収集した標本から，母集団の特徴を安定的に推測します。それには算術平均がもたらす，2つの定理と大きな発想の転換を活用します。

　推測統計は，偶然を逆手にとって，信頼できる推測を実現しますが，それにも限界はあります。推測統計も2つの定理によって不確実性をある程度安定化できても，それから全く自由にはなれず，偶然に翻弄される部分は残ります。そのため，推測統計では「絶対」とか「確実」といった考え方が使えず，それらを回避する形で分析を進めることから，多くの困難を伴い，同時に何度も発想の転換をして，その問題を乗り越えていきます。

　「絶対」や「確実」がないからといって，推測統計が使い物にならないというのは軽断です。不確実な世界で，たとえある程度のズレはあっても，真実に近い値が手に入るだけでも，大変大きな進歩です。また，一部しか入手できなくても，標本数をある程度増やすことができれば，推測された結果も，母数から大きく外れる確率は格段に下がることを大数の法則は保証しています。したがって，標本を十分増やして信頼性を高めながら，同じテーマを別の標本で繰り返し推測統計を使って評価すれば，真実は得られなくとも，かなり信頼性の高い結果を得ることは可能です。

　統計の世界では，白黒はっきりした世界は残念ながらありません。限りなく白に近いグレーか限りなく黒に近いグレーという形でしか判断できません。そして，限りなく白に近いグレーを黒と見るのも白と見るのも，最終的には分析者の判断に依存する部分があります。その意味でも，統計学は判断材料を提示するだけで，統計学が積極的に価値判断しないことを理解する必要があります。

第6章

推　　定
──推測統計で推し定めてみよう

統計学の全体像	第1章 統計学の役割と全体像
統計学の基本	第2章 データの種類と収集方法
	第3章 基本的な統計手法
一歩進んだ統計学 の考え方	第4章 確率論の基礎
	第5章 統計と確率の関係
一歩進んだ統計学 の分析方法	第6章 推　定
	第7章 仮説検定
さらに発展的な 統計学の分析方法	第8章 相関を推測する回帰分析

●「推し定める」とは何か：推定

　推測統計は母集団の一部しか標本が収集できない標本調査の場合に使われる、推し測る統計分析です。統計学は母集団の特徴を表す母数を知ることが目的です。そのため、推測統計には、母数を推測する**推定**、主にその推定を使って様々な説を検証する**仮説検定**があります。本章では推定について学んでいきましょう。

　まず、推定とは何でしょうか？　推定とは**推し定める**ことです。「推す」とはある情報（統計では標本）を元に予想するという意味で、予想をして決定することを推定といいます。推定は通常の予想とどう違うのかというと、まさに定める点です。例えば、ある標本に基づいて得られた結果を仮に母数と見なし（推定し）て、それを前提に話を進めるのです。標本調査では母数を知ることは不可能なので、標本から母数を推定して話を進めるしかありません。推定された結果がたとえ真実の母数でなくとも、母数にある程度近い「目安」や「見積り」であれば推定結果を母数の代わりに使うのです。

　母数の代わりに使われるため、いい加減な推定は許されず、単なる予想とは異なり、推定は望ましい条件を満たすことが必要です。では、その条件は何で、それをどう確認するのかについては、これまで学んだ確率論を使います。

　推定では標本を用いた計算によって結果を得ます。その際の推定の計算式を**推定量**、標本で実際に推定された推定結果を**推定値**と呼びます。また、推定の対象となる母数は、統計学で重要な平均や分散などが基本で、本書では扱わない高度な内容になると、それらを組み合わせたものも推定します。推定で用いられる推定量は記述統計の統計量と計算上は同じものや少し違うものがありますが、記述統計と推測統計の理論的意味は全く違うので、注意しましょう。

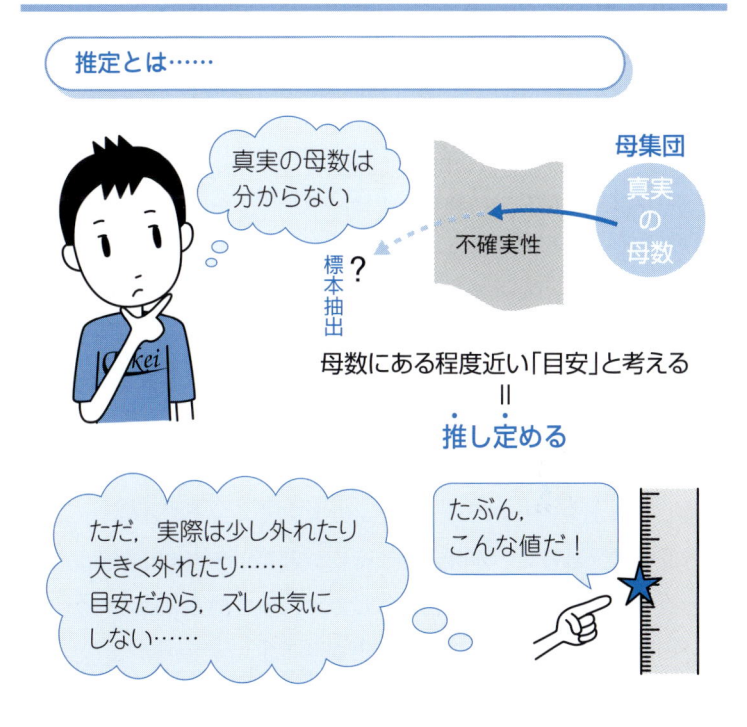

「推し定める」とは何か：推定

推定とは……

真実の母数は分からない

母集団
真実の母数

不確実性

標本抽出？

母数にある程度近い「目安」と考える
＝
推し定める

ただ，実際は少し外れたり大きく外れたり……
目安だから，ズレは気にしない……

たぶん，こんな値だ！

コラム　統計の歴史（2）：確率論による統計学の進化

　19世紀に入ると，平均値が従う確率分布などの統計学の確率論的側面や，第8章で学ぶ最小二乗法が天文学の研究の中で深められていきました。その中で，統計学が元々対象とした社会分野に確率論的手法を導入したのがアドルフ・ケトレー（1796-1874）です。

　ケトレーは，兵士の身長の分布などから社会も正規分布に従うと想定して，中位値でもある「平均人」による世界観を提唱します。これが現代の平均＝中位という誤解の原因かもしれません。彼は国際的な統計整備にも尽力し，近代統計学の祖とも呼ばれています。

🔵 推し定める2つの方法：点推定と区間推定

　推定という推し定め方には，大きく分けて2つの方法があります。一つは，母数からズレても目安として，1つの「数値」をスッキリ出す方法です。もう一つは，「数値」がスッキリしなくとも母数がこのあたりにあるという目安の正確さを重視する方法です。

　母数からズレたとしても，あくまでも目安として「数値」をスッキリ推し定める方法を点推定といいます。「数値」がスッキリしなくとも母数がこのあたりにあるという「幅」を使うことで目安の正確さを重視する方法を区間推定といいます。名は体を表す通り，点推定はまさに母数を「数値」で推し定めます。そのため大変分かりやすく，それを母数だと考えます。一方，区間推定は母数を「幅」で推し定めます。そのため，一見分かりにくく，その「幅」のどれを母数と考えればよいか分かりません。ただ，一点を「数値」で定める点推定に比べ，その「幅」に母数が入っている可能性はかなり高いので，目安の信頼度は大きく上がります。

　点推定と区間推定のどちらを使うかは時と場合によります。例えば，会議などで活発な議論を行う際にはあまりに正確な数値を追い求めるのではなく，目安とした数字を使って分かりやすく議論することが多いでしょう。そのときには，点推定は「数値」をそのまま話に使えるので，推定を用いた議論をする際に便利です。一方，できるだけ正確な議論の方が重要で，「数値」だけではあまりにも大ざっぱすぎると思うような場合もあるでしょう。分かりやすさよりも，なるべく間違いを抑えたい場合は，区間推定が望ましいでしょう。分かりやすさをとるか，安全性をとるか，それは分析対象や得られる結論がどちらを重視するかによります。

推し定める2つの方法：点推定と区間推定　　　113

点推定とは……

たぶん，こんな値だ！

スッキリ！

長所：スッキリしていて分かりやすい
短所：母数である確率はほとんどない

区間推定とは……

母数はこのあたりにあるはずだ！

長所：母数がその幅に含まれる確率は高い
短所：幅で表現されて分かりにくい

一点で推定する：点推定

一点で推定することを<u>点推定</u>といいます。点推定はまさに知りたい母数をそのまま推し定めます。先に学んだ通り，推定のための計算式を推定量，推定された結果を推定値といいますが，点推定では推定値が，真実で不変な母数に準じた扱いを受けることになります。

また，こちらも再度確認しておきましょう。点推定の推定値は母数になりうるのでしょうか？ 結論からいうと，母数である確率はほぼ0です。すなわち，推定値がまさに母数になることはほとんどありません。点推定はあくまでも目安であり，母数が多分この程度の値だろうという例を示すにすぎません。そうして，母数に比べて多少前後することを前提に，その他の様々な母数の推定値と組み合わせながら，母集団全体の性質を推し測っていくのです。あくまでも目安ですから，少々の前後は気にしません。ある程度大らかな気持ちで推定値を母数の代わりと見なすのです。

したがって，点推定の推定値を絶対的に正しいものと見なさない姿勢も重要です。ニュースに使われる統計分析の多くはこの点推定が用いられます。その際には，推定値が外れたことを批判する意見もあります。しかし，その批判は点推定には的外れです。もし点推定の結果を批判したいなら，実際の結果とあまりにもかけ離れた場合の推定値などの分析方法の適切性に限定して批判するべきで，適切な分析によるズレの大小は，既に統計学の想定している不確実性として，受け入れることが必要です。

厳密な話をしたい場合には，点推定は向きません。あくまでも大らかにその値を見られる場合に限ります。経済学をはじめとした社会科学は不確実な要素が非常に多いので，個別の数値の厳密な話よりも大まかな見積が重要なため，点推定が多用されます。

点推定の目的は……

点推定は母数の目安を得る。

⬇

母数に近いならば、あえて母数と見なして使っていこうという考え方。

母数からの少々のズレは気にしない！

コラム "average" と "mean" の由来

平均は真ん中ではないと述べました。では、英語の語源はどうでしょうか？

英語で平均は "average" と "mean" があります。『英語語義語源辞典』（三省堂）によれば、"average" はフランス語の「物的負担」を意味する "avarie" が由来で、中世フランスの小作人が領主などからの負担を均等に分担したことに由来します。一方、"mean" は「位置や時間の中間」を表すラテン語の "medianus" がフランス語の "meien" として伝わったのが由来で（真ん中ではなく！）中間にあるものが転じて、平均となったことが分かります。

平均値の推定

実際の点推定を学びましょう。まずは、統計学の最も基本の特徴である平均です。平均を推定する計算式、すなわち**平均の推定量**は、まず無作為抽出という偶然で収集された標本を $x_1, x_2, x_3, \cdots x_N$ のように N 個準備します。その上で、標本を推定量に当てはめて、平均の推定値を求めます。実際の数式で示すと、平均は全てを足しあげて（(6.1)式）、足しあげた数（N）で割って求めます（(6.2)式）。なお、右頁のサンプルデータ（表6-1）で、実際に計算してみましょう。また、実際の計算と、その下に示された平均の推定量の抽象的な数式が、それぞれどう対応しているかを確認してみて下さい。

この平均の推定量は、記述統計の平均の統計量と全く同じであり、確率論や母集団、標本などの長々とした話は一体何だったのかと不思議に思うのではないでしょうか？ 確かに、記述統計の平均の統計量と平均の推定量の計算自体は全く同じものです。しかし、意味合いに大きな違いがあります。記述統計の統計量には母集団の全要素を標本として用います。一方、推測統計の平均の推定には、いくつあるか分からない母集団の一部の要素を、標本として抽出して計算します。記述統計は全て計算に用いられるので答えは常に一つなのに対して、推測統計の平均は**標本の出方次第**で常に異なります。ここが大きな違いで、推測統計における平均の推定量は標本の取り方次第で変わることから、確率変数であるといいます。

記述統計と推測統計の平均の計算式は、見た目は全く同じですが、そこに込められた意味が違います。「見た目が同じ＝何でも同じ」と思わずにそこに込められた意味の違いに注意すると、これからの話がよく分かるようになります。

> サンプルデータを使って平均値を推定してみよう

表 6-1　サンプルデータ

標本番号	標本値
1	50
2	50
3	50
4	250

まずは全てを足してあげてみる。

総和 = 50 + 50 + 50 + 250 = 400

標本数の 4 で割ると，平均の推定値が得られる。

平均の推定値 = $\frac{400}{4}$ = 100

一般的には

各標本値

$$総和 = x_1 + x_2 + \cdots + x_N = \sum_{i=1}^{N} x_i \qquad (6.1)$$

$$平均の推定値 = \frac{1}{N}\sum_{i=1}^{N} x_i \qquad (6.2)$$

標本数 N で割って平均にする

分散の推定（1）：母平均が分かっている場合

次に分散の推定量を学びましょう。まず問題になるのは、分散を計算する際に必要となる平均値をどうするかです。記述統計でも、分散の公式には平均値と標本の差が必要でした。

母平均が分かっていればよいですが、母分散を推定する場合、**母平均も分からないのが普通**です。そうなると、標本から平均の情報を引き出すほか手段がありません。しかし、母平均が分かるか否かの違いで計算方法が変わるので、母平均が分かっている場合とそうでない場合に分けて学びます。なお、どちらのケースでも、平均値の推定のときと同じように、無作為抽出で得た標本を x_1, x_2, x_3, …x_N と N 個準備するところまでは同じです。

母集団の母平均 μ（ミュー）の値が分かっていれば、**分散の推定量**は記述統計の分散の統計量と同じ計算式になります。すなわち各標本と母平均との差の二乗 $(x_i - \mu)^2$ を標本全てについて求めて、その平均 $\frac{1}{N}\sum_{i=1}^{N} x_i (x_i - \mu)^2$ をとります。

このとき、分散の推定量は各標本と母平均との差の二乗の「算術平均」であることにも注目しましょう。確率論で学んだ大数の法則や中心極限定理の威力を使うには、計算過程で算術平均が使われていることが重要だと述べましたが、分散の推定量にもちゃんと算術平均が使われており、その威力を活用していることが分かります。

なお、平均と同じで、記述統計の分散は何度求めても同じ定数ですが、推測統計は標本が変われば推定値も変化する確率変数です。

母平均が分かる場合、考え方は違うものの、推定量は記述統計の統計量と計算は同じだと分かりました。次に、記述統計との違いが出る、母平均が分からない場合の分散の推定量を学びましょう。

分散の推定（1）：母平均が分かっている場合

> **サンプルデータを使って分散を推定してみよう (1)**

母平均（母集団の真の平均値）が 90 だと分かっているケースを考えてみよう。
表 6-1 のサンプルデータを使うと，

平均との二乗和 $= (50-90)^2 + (50-90)^2 + (50-90)^2 + (250-90)^2 = 30400$

標本数の 4 で割ると，分散の推定値が得られる。

分散の推定値 $= \dfrac{30400}{4} = 7600$

一般的には，母平均 μ なら

各標本値

平均との差の二乗和 $= (x_1 - \mu)^2 + (x_2 - \mu)^2 + \cdots + (x_N - \mu)^2$
$= \sum\limits_{i=1}^{N} (x_i - \mu)^2$

分散の推定量 $= \dfrac{1}{N} \sum\limits_{i=1}^{N} (x_i - \mu)^2$

標本数 N で割って平均にする

〈注意点〉
■この推定は母平均が分かっている場合だけ使える。
■母平均が分からなければ，次の項目で学ぶ推定量を使う。

分散の推定（2）：母平均が分からない場合

母平均 μ が分かる場合は，分散の推定量は記述統計と同じ計算式でした。しかし，分散を求める際の推定量 $\frac{1}{N}\sum_{i=1}^{N}(x_i-\mu)^2$ の母平均 μ は，日常では知ることがほぼ不可能な情報です。推測統計の場合，母集団の一部の標本しか収集できないので，全数調査してはじめて分かる母平均 μ が最初から分かっているというのはおかしな話です。

通常はどうかというと，母集団の平均も推定してから分散を推定するしかありません。では，μ の代わりに平均の推定値 $\bar{x}$ をそのまま置き換えてしまってよいのでしょうか？ それは，あるところまでは正解で，あるところからは間違いです。

平均については，母平均 μ の代わりに推定した標本平均 $\bar{x}$ を用いる以外には方法がありませんから，その発想は正解です。しかし，母平均が分からない推定量は，一部修正を施す必要があります。その修正自体は単純ですが，背後には奥深い話があり，推測統計と記述統計は，考え方が異なることを実感する機会にもなります。

母平均 μ が分からない場合の具体的な計算方法は，次の通りです。まず，仕方ないので標本から平均値を推定します（$\bar{x}=\frac{1}{N}\sum_{i=1}^{N}x_i$）。その上で，各標本とその平均値との差の二乗 $(x_i-\bar{x})^2$ の和をとります（$\sum_{i=1}^{N}(x_i-\bar{x})^2$）。ここまでは記述統計のときと同じです。しかし，次に，その和を N ではなく，$N-1$ で割ります（$\frac{1}{N-1}\sum_{i=1}^{N}(x_i-\bar{x})^2$）。標本数ではなく，標本数から1を引いた $N-1$ で割るところがポイントです。

サンプルデータを使って分散を推定してみよう（2）

母平均（母集団の真の平均値）が分からないケースを考えてみよう。

表6-1のサンプルデータを使って，まず平均値を推定する。

$$\text{平均の推定値} = \frac{50 + 50 + 50 + 250}{4} = 100$$

次に，推定された平均値を用いて二乗和を求める。

$$\text{平均との二乗和} = (50 - 100)^2 + (50 - 100)^2 + (50 - 100)^2 \\ + (250 - 100)^2 = 30000$$

そして，標本の数から1を引いたもの（自由度）で割る。

$$\text{分散の推定値} = \frac{30000}{4 - 1} = 10000$$

一般的には

$$\text{平均の推定量} = \frac{1}{N} \sum_{i=1}^{N} x_i \quad \leftarrow \text{これを} \bar{x} \text{と書く}$$

各標本値

$$\text{平均との差の二乗和} = (x_1 - \bar{x})^2 + (x_2 - \bar{x})^2 + \cdots + (x_N - \bar{x})^2 \\ = \sum_{i=1}^{N} (x_i - \bar{x})^2$$

$$\text{分散の推定量} = \frac{1}{N-1} \sum_{i=1}^{N} (x_i - \bar{x})^2$$

標本数 $N-1$ で割る

🔵 記述統計と違う分散の推定方法

　母平均が分からない場合は $N-1$ で割るため，母平均が分かる場合とは少し意味合いが違います。では，なぜ，母平均が分からないと $N-1$ で割るのでしょうか？　これは入門書では詳しい説明が難しい**自由度**によるもので，後ほど簡単かつ感覚的に説明します。まずは，自由度という言葉を使った表現を学びましょう。今回の推定では「分散の推定で母平均の代わりに標本の平均値である**標本平均**を用いたため，自由度が落ちた」といいます。

　自由度などと小難しいことを考えず，母平均が分からない分散は標本数の N で割るところを，標本数から 1 を引いた $N-1$ で割るのだと，丸覚えしてしまえばいいではないかと思うかもしれません。確かに統計を単なる計算作業だと割り切れば，それでもいいかもしれません。統計を機械的に単純に利用するだけならば，あまり深い理解はいらないかもしれません。しかし，知的な意味で統計学という世界観を詳しく知ったり，データに関する様々な困難をうまく乗り越えながら，高度な統計学も可能なら使いこなしたいと思うなら，いざというときの応用力を生む，こういった分野特有の深い見方も理解しておくことも大変重要です。その際にはその理由を本書の説明程度には理解しておくことが望ましいですし，さらに数学などでより細かく理解できるとより心強いでしょう。

　今後，統計学を高度に深く学ぶにつれて，日常感覚的な理解や単純な記述統計の考え方とズレた話がいくつか出てくることになります。本書のような入門書で，このようなことが起きるのは，分散の推定量程度ですが，ちょっとした修正にも様々な思慮が含まれていると考えると，その背後の考え方の重要性などを理解する契機にもなり，面白く感じられるでしょう。

分散の推定量のまとめ

▶母平均が分かっている場合

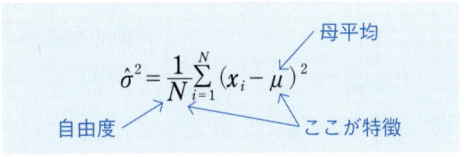

$$\hat{\sigma}^2 = \frac{1}{N}\sum_{i=1}^{N}(x_i - \mu)^2$$

自由度　　母平均　　ここが特徴

▶母平均が分からず，平均も標本から推定する場合

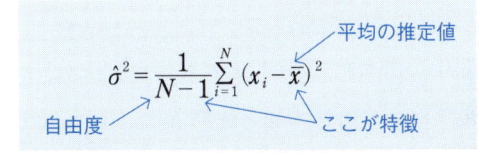

$$\hat{\sigma}^2 = \frac{1}{N-1}\sum_{i=1}^{N}(x_i - \bar{x})^2$$

自由度　　平均の推定値　　ここが特徴

> 推定量の中で，割り算に使われる N や $N-1$ を自由度というんだ。

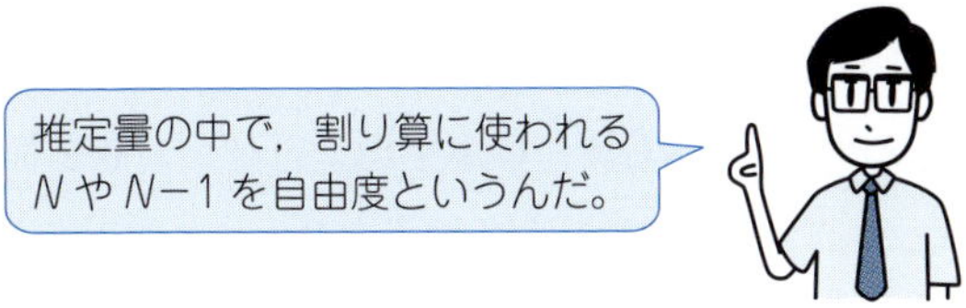

コラム　標準偏差の実際的見方（1）

分散は多様性を示す指標で，その平方根を標準偏差と呼びました。標準偏差は平均からの平均的かい離幅と述べましたが，確率を使うと，より分かりやすいイメージが可能です。なお，平均を中心にプラス・マイナスそれぞれの標準偏差1単位分の幅を，1シグマ区間といいます。よく使われる正規分布の場合，1シグマ区間の範囲内に収まる確率は68.26％で，2シグマ区間は95.44％，3シグマ区間は99.74％になります。

次頁で，実生活でも使える，標準偏差の意味を紹介します。

🔵 標本の数と自由度の意味

標本の数は大数の法則で述べたように,分析の精度を左右するため,大変重要です。ただ,統計学ではより厳密には自由度が重要になります。その自由度とは何でしょうか? 単純に分かりやすくいえば,統計学の自由度は推定量で用いられる**実質的な標本の数**です。一方,標本数は名目的な標本の数といえるでしょう。

自由度の自由とは,自由な変数という意味で,自由に動き回れる確率変数を指します。無作為抽出の標本は確率変数だと既に述べました。そう考えれば,自由な変数の数は標本数 N であり,推定に用いられる標本数と確率変数の数は同じといえそうです。

しかし,母分散の推定では,必ずしもそうなりません。母平均 μ が分かる場合には,自由度は標本数と同じ N ですが,母平均 μ が分からない場合には,標本平均 $\bar{x} = \frac{1}{N}\sum_{i=1}^{N} x_i$ を用いることが自由度を変化させてしまいます。標本平均 $\bar{x}$ で代用した場合,分散の推定量 $\frac{1}{N-1}\sum_{i=1}^{N}(x_i - \bar{x})^2$ に組み込むと,標本平均 $\bar{x}$ 自身が分散を推定する際の標本,$x_1, x_2, x_3, \cdots x_N$ でできているため,$x_i - \bar{x}$ の計算の段階で標本の確率変数 x_i の動きを制約してしまいます。そして,**確率変数ちょうど一つ分の動きを落としてしまう**のです。そのため,推定に含まれる確率変数の数が,あたかも $N-1$ のようになるのです。これが,分散の推定量の自由度が減少し,標本と平均の差の二乗和を $N-1$ で割る理由です。

上級科目に進んだ場合にも,推定量の自由度が変化することがあります。それらは母集団の性質を表す母数が分からないために,推定値である確率変数を代用することが主な原因です。自由度の変化が問題にされた場合には,その推定に当たって,どの母数が代用されたか注意するとよいでしょう。

自由度とは……

本来は，ある新しい確率変数を作り出す際に使われる確率変数の数のこと。

⬇

統計学では標本数が確率変数の数に対応。

⬇

ただ推定量の性質上，標本数とは別に推定量内の確率変数の数が変化する。

⬇

統計学における自由度は，標本の数よりも小さくなることがある。

コラム　標準偏差の実際的見方（2）

　大まかに見れば，1シグマ区間は約70％，2シグマ区間は約95％，3シグマ区間ではほぼ100％です。すると，平均からの1シグマ前後は対象の多くを，2シグマはそのほとんどを，3シグマになると，そのほぼ全てをカバーします。実生活で考えれば，1シグマ程度の前後は普通はよくあることだといえるでしょう。一方で，2シグマを超えるようなかい離はめずらしいこと，3シグマを超えることはめったにないことだといえます。

　ちなみに，偏差値は標準偏差を10で一律化しており，もし結果が正規分布に従うなら，1シグマ区間に当たる偏差値40から60までは全体の約70％で，大半を占める普通の結果だといえます。

幅をもって推定する：区間推定

点推定を学んだので，次に幅をもって推定する区間推定を学びましょう。区間推定は点推定よりも手続が高度になります。また，区間推定はいくつかの段取りを踏んで推定を行います。その段取りとは，下準備となる確率的区間の決定，次に実際の標本によって信頼区間を求めるための推定と当てはめです。

区間推定では信頼度となる確率を決めて，母数が入っているであろう区間を推し定めます。統計の世界は不確実を相手にしています。そのため，100%の安全はありません。ある程度の安全性，裏返せば，ある程度のリスクをとって，区間を推し定めます。そのため，分析者は推定の前に**安全の程度**である信頼係数を定めます。信頼係数は，通常は確率を数値で表した0.9，0.95，0.99などを使います。信頼係数は，区間推定が母数の推測として，信頼できる確率を表します。信頼係数を1から引くと，推定された区間に母数が入らない確率，すなわち，**区間推定が外れるリスク**になります。

ちなみに，信頼係数が上がるにつれて推定される区間は広がります。なお，推定された区間を信頼区間といいます。信頼係数が1，すなわち推定が外れるリスク0%なら，信頼区間は最小値はマイナス無限大，最大値もプラス無限大になってしまいます。こうすれば，確かに100%入りますが，その結果に意味があるとは思えません。やはり，リスクでもある信頼係数の与え方は重要です。

次に，下準備として信頼係数に対応する，抽象的な確率的区間を求めます。このときに第4章で学んだ確率分布を使います。無作為で抽出された標本による推定を行い，確率的区間に当てはめ，実際の信頼区間を推定します。当てはめの際には点推定を利用します。次は，より具体的な段取りを見ていくことにしましょう。

幅をもって推定する：区間推定　　127

区間推定を使う理由は……

区間にすることで母数をなるべく正しく推定したい。
区間推定が外れるリスクがキメ手！

⬇

区間から外れるリスクはあるけれど，より正確な母数の目安がつけられる。

信頼係数＝1－区間推定が外れる確率

信頼係数とは，区間推定が正しい確率のことで，通常，0.9，0.95，0.99 などとなるよ。

コラム　推定，仮説検定の語源

　推定や仮説検定の元となる英語は，"estimate"，"hypothesis testing"です。『英語語義語源辞典』（三省堂）によれば，"estimate"は方向を「見積もる」「ねらう」という意味のラテン語 "aetimare" がフランス語 "estimer" を経由して転じたとされます。
　また，"hypothesis"は「前提とする想定」という意味のギリシア語 "hupotithenai" がラテン語を経由して転じたとされます。また，"hypothesis testing"は仮説をテストすることで，仮に試練を課しているともいえるでしょう。

区間推定の手続

　区間推定は，より具体的にはどうするのでしょうか？　先に学んだ概要では，まず抽象的な世界で下準備をして，抽出した標本で実際に推定し，当てはめをすると述べました。

　第1段階は，先に学んだ通り，推定される区間の信頼度を表す確率である信頼係数を分析者が決めます。

　第2段階は，信頼係数の確率の下で，確率分布上の幅である確率的区間を求めます。この区間は第3段階および最終段階の下準備として，今後に点推定する推定量が従う確率分布から求めます。本書の場合，**確率分布には標準正規分布や t 分布が使われます。**

　第3段階は，確率的区間を実際の信頼区間にするために必要なタネとなる推定値を，無作為抽出による実際の標本で点推定します。

　最終段階は，抽象的な確率的区間に点推定された推定値を当てはめて，現実的な信頼区間を求めます。このときに，統計学らしい発想の転換が行われますので注意しましょう。

　その発想の転換とは，もし仮に知りたい母数を知っていた場合，点推定値の起きる確率が信頼係数で決めた確率以内の「よくあること」だと考えることです。推定値が「よくある」確率で起きるなら，母数はこの範囲にあるはずだと逆探知するのです。いきなり狐につままれた感じでしょうが，じっくり考えれば分かります。標本による推定値が，確率分布上の母数の値に近い1つの値にすぎないと考え，それが肯定されるには母数がこの範囲でなくてはならないと逆算するのです。この近さを決めるのが信頼係数の確率で，もし実際の推定値が母数から大きく外れた低確率の値なら，この区間推定は外れです。でもそうでなければ，その逆算は正しく，外れるのは1から信頼係数を引いた小さな確率にすぎません。

区間推定の手続

1. 信頼係数を決める。
2. 確率論上の信頼係数に対応した確率的区間を求める。
3. 無作為抽出で集めた標本から点推定。
4. 点推定値を確率的区間に当てはめて，実際の信頼区間を求める。

> 確率上の信頼係数に対応した区間を求める際に発想の転換が起きている

まず，仮に母数を知っていると仮想する。

⬇

さらに，手元の標本が起きる確率が信頼係数の範囲内にあると仮想する。

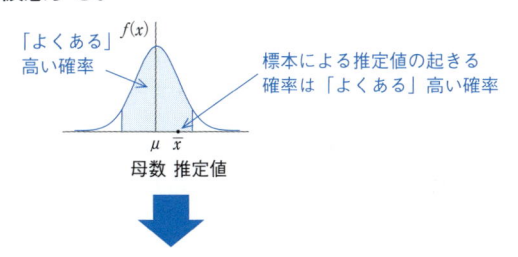

「よくある」高い確率

標本による推定値の起きる確率は「よくある」高い確率

μ $\bar{x}$
母数 推定値

⬇

上述の仮想を満たす母数の範囲（区間）はどこか逆算する。

> 標本の起きる確率が信頼係数の範囲内にあるような母数の区間はどこかを求めているんだ。

母分散が分かる場合の平均値の区間推定（1）

　平均値の区間推定をしましょう。右頁の具体的な計算をしながら，数式の記述を確認してみて下さい。なお，理由は後で述べますが，まずは母分散が分かっている場合を学びます。まず第1段階は，信頼係数を定めます。第2段階で信頼係数の確率に対応した，抽象的な確率分布上の確率的区間を求めます。前節で述べたように，後段の点推定と当てはめの下準備なので，ここでの抽象的な確率分布は後段の推定値が従う確率分布と同じでなければなりません。そこで，標本による推定値が，中心極限定理が表す理想的な状態である正規分布に従うとします*。すると，**標準化**という計算で，推定値が従う正規分布を最もシンプルな標準正規分布に書き直せます。

　実際に，図と分布表を使って確率的区間を求めましょう。まず，確率分布の中心部分に信頼係数の確率をとります（**図6-1**）。知りたいのは標準正規分布上の信頼係数の両端の値Zと$-Z$です。標準正規分布は左右対称なので，プラスのZを求め，マイナスをつけて$-Z$を得ます。Zは次の手順で確率分布と分布表から求めます。まず，1から信頼係数を引いた確率を$1-p$とします。その上で，信頼係数の外側の両端は等確率なので2で割って，$\frac{1-p}{2}$とし，Zより上の上側確率を除いた下側確率を求めるために1から引いた$1-\frac{1-p}{2}(=\frac{1+p}{2})$の確率となる実際の$Z_p$の値を求めます（**図6-2**）。その際には，198頁の標準正規分布表から$\frac{1+p}{2}$の確率と同じ値を探し，対応するZ_pの値を第4章で学んだ方法で求めます。プラスのZ_pの値が求まれば，マイナスをつければ，Z_pから$-Z_p$までの抽象的な確率的区間になります。

---

* 難解になるので，理想的な場合に留めます。なお，より複雑なことも本書の応用で理解できますから，本書を理解して上級テキストを読むのがよいでしょう。

母分散が分かる場合の平均値の区間推定をしよう（1）

母分散は $\sigma^2 = 10000$ とあらかじめ分かっているとする。

▶表6-1のサンプルデータ例

[第1段階]
信頼係数を0.95とする。

[第2段階]
推定量が正規分布に従い母分散が分かるので標準正規分布を利用。
平均の推定値の標準化の計算式

$$\frac{\bar{x} - \mu}{\sqrt{\sigma^2 / N}}$$

標準化された推定値が起きる確率は0.95以内になるはずと仮想。

図6-1

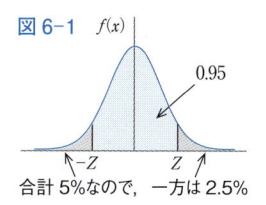

合計5%なので，一方は2.5%

図6-2

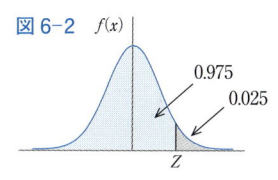

標準正規分布の分布表（198頁）から表内の確率"0.9750"を見つける。その行の見出しには"1.9"，その列の見出しには"06"と書かれていることを確認する。これは，1.9+0.06=1.96を指す。したがって Z の値は $Z=1.96$ となり，Z は1.96から-1.96の範囲である。

▶数式では

[第1段階]
信頼係数を p とする。

[第2段階]
推定量が正規分布に従い母分散が分かるので標準正規分布を利用。
平均の推定値の標準化の計算式

$$\frac{\bar{x} - \mu}{\sqrt{\sigma^2 / N}}$$

標準化された推定値が起きる確率は p 以内になるはずと仮想。

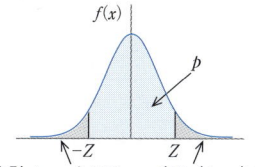

合計 $1-p$ なので，一方は $(1-p)/2$

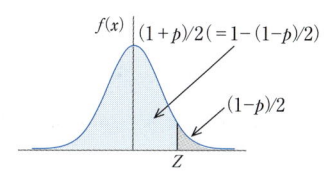

$(1+p)/2 (= 1-(1-p)/2)$
$(1-p)/2$

標準正規分布の分布表（198頁）から表内の確率 "$(1+p)/2$" を見つける。その行の見出しには"$X.Y$"，その列の見出しには"$0Z$"と書かれていることを確認し，$X.Y+0.0Z=X.YZ (=Z_p)$ とする。したがって Z の値は $Z=Z_p$ となり，Z は Z_p から $-Z_p$ の範囲である。

母分散が分かる場合の平均値の区間推定(2)

　前節の続きです。第3段階は本章で学んだ点推定で平均の推定値を求めます。そして、最終段階で、点推定値が信頼係数として決めた確率以内に入っていると考えて、母数を逆探知します。平均値の区間推定の場合、まず下準備していた抽象的な確率分布上に標本による推定値を配置するため、正規分布に従うように点推定値を標準化します。なお、標準化の際に必要な標本数Nは分かりますし、元々推定したい母平均μは後の逆探知の際に使いますが、母分散σ^2は通常では分かりません。そこで、前節の冒頭に母分散が分かっているとしました。母分散が分からない場合は次節で学びます。

　実際には、標準化された点推定値が信頼係数以内の確率で起きる、すなわち母平均μを中心にZ_pから$-Z_p$の範囲に留まっていることを表す式を書きます((6.3)式)。そして、それが正しいとして、母平均の幅をこの式から逆探知します。具体的な計算は、確率を示す(6.3)式の括弧の内部の式を取り出して、逆算すればよいのです((6.4)式)。不等号の取扱いに注意するとちゃんと母平均μの信頼区間が推定できます。なお、推定された信頼区間の上端を**上側信頼限界**、下端を**下側信頼限界**といいます。また、最後に「信頼係数pで、平均の母数μは$l \leq \mu \leq u$である」のように締めくくります。

　複雑な手続でしたが、まとめると、区間推定が信頼できる確率を定めて、抽象的な確率的範囲を求めます。その上で、標準化された点推定値が抽象的な確率的範囲に入っているとして、それを満たす母数の範囲を逆算して、実際の信頼区間を求めます。

　なお、ここでの区間推定は母分散が分かっているとしました。一方、母分散が分からない場合は、次に学ぶように、使われる確率分布が変わるだけで、それ以外はここで学んだ手続と同じです。

母分散が分かる場合の平均値の区間推定をしよう（2）

[第3段階]

平均の点推定値 $= \dfrac{50+50+50+250}{4}$
$= 100$

[最終段階]

点推定値の確率が信頼係数の確率以内であることを示す式

$$P\left(-Z \leq \dfrac{\bar{x}-\mu}{\sqrt{\sigma^2/N}} \leq Z\right) = 0.95$$

$$P\left(-1.96 \leq \dfrac{\bar{x}-\mu}{\sqrt{\sigma^2/N}} \leq 1.96\right) = 0.95 \quad (6.3)$$

括弧の内部を取り出し，逆算すれば

$$-1.96 \leq \dfrac{\bar{x}-\mu}{\sqrt{\sigma^2/N}} \leq 1.96 \quad (6.4)$$

$$\bar{x} - 1.96\sqrt{\sigma^2/N} \leq \mu \leq \bar{x} + 1.96\sqrt{\sigma^2/N}$$

が得られる。
ここで点推定した数値などを代入する。標本=4，母分散=10000 を代入すると，信頼区間が得られる。

$$100 - 1.96\sqrt{10000/4} \leq \mu \leq 100 + 1.96\sqrt{10000/4}$$

$$2 \leq \mu \leq 198$$

信頼係数 0.95 で，平均の母数 μ は $2 \leq \mu \leq 198$ である。

[第3段階]

平均の点推定値 $= \bar{x}$

[最終段階]

点推定値の確率が信頼係数の確率以内であることを示す式

$$P\left(-Z \leq \dfrac{\bar{x}-\mu}{\sqrt{\sigma^2/N}} \leq Z\right) = p$$

$$P\left(-Z_p \leq \dfrac{\bar{x}-\mu}{\sqrt{\sigma^2/N}} \leq Z_p\right) = p$$

括弧の内部を取り出し，逆算すれば

$$-Z_p \leq \dfrac{\bar{x}-\mu}{\sqrt{\sigma^2/N}} \leq Z_p$$

$$\bar{x} - Z_p\sqrt{\sigma^2/N} \leq \mu \leq \bar{x} + Z_p\sqrt{\sigma^2/N}$$

が得られる。
ここで点推定した数値などを代入する。標本=N，母分散=10000 を代入すると，信頼区間が得られる。

$$\bar{x} - Z_p\sqrt{10000/N} \leq \mu \leq \bar{x} + Z_p\sqrt{10000/N}$$

$$\bar{x} - Z_p \dfrac{100}{\sqrt{N}} \leq \mu \leq \bar{x} + Z_p \dfrac{100}{\sqrt{N}}$$

$l = \bar{x} - Z_p \dfrac{100}{\sqrt{N}}$, $u = \bar{x} + Z_p \dfrac{100}{\sqrt{N}}$ とすると，信頼係数 p で，平均の母数 μ は $l \leq \mu \leq u$ である。

母分散が分からない場合の平均値の区間推定

母分散が分からない場合の平均値の区間推定を考えましょう。この場合，第3段階で分散を推定することになります。また，前節で既に触れた通り，標準正規分布が使えず，代わりに t 分布と呼ばれる確率分布を第2段階および最終段階で使うことになります。なお，t 分布の形状は標準正規分布の形状に非常に似ています。ただ，標準正規分布から t 分布に変わってしまうため，これまでの標準化も分散の点推定値を使う正規近似という計算に変わります。t 分布を使う際にとくに注意することは，t 分布には分散の点推定で使った自由度が必要なことで，その自由度は既に学んだ $N-1$ です。

また，t 分布と標準正規分布で，分布表の見方が少し変わります。t 分布表の見方を復習しましょう。t 分布は標準正規分布と違い，行の見出しに自由度，最上部の列の見出しに表内の確率変数値以上になる確率を示す上側確率が示されています。分布表の内部は t 分布の確率変数の値が示されています。標準正規分布の分布表はある確率変数以下の下側確率が表中に示される一方，t 分布の分布表は自由度と上側確率を満たす確率変数の値が示されています。

t 分布の確率的区間は，まず1から信頼係数 p を引いた $1-p$（区間推定が外れるリスク）を求め，それを2で割った値 $\frac{1-p}{2}$ を t 分布表の上側確率として選び，自由度と交差する値 Z_p を求めます。そして符号を変えた $-Z_p$ と合わせて確率的区間とします。

それ以外は，母分散を知っている場合の区間推定の手続と同じです。右頁に例を載せましたので，実際にできるかどうか確認してみましょう。母分散が分かるか否かで使われる確率分布が変わるように，少しの条件の変化で分析手続が変わる可能性があるので，統計分析ではその前提条件に注意しましょう。

母分散が分からない場合の平均値の区間推定をしよう

▶表 6-1 のサンプルデータ例

[第 1 段階]
信頼係数を 0.95 とする。

[第 2 段階]
正規近似された推定値が起きる確率は 0.95 以下になるはずと想定。
t 分布表から上側確率 0.025,自由度 3 を満たす t 分布の Z 値を求める。

t 分布の分布表(199 頁)を参照し,上側確率(行)の見出しには "0.025",自由度(列)の見出しには "3" を見つける。行と列の交わる所に "3.182" を見つける。

したがって,Z は 3.182 から −3.182 の範囲。

[第 3 段階]
平均の点推定値 $= \dfrac{50+50+50+250}{4} = 100$

分散の点推定値 $= \dfrac{30000}{4-1} = 10000$

[最終段階]

$$P\left(-3.182 \leq \dfrac{\bar{x} - \mu}{\sqrt{10000/N}} \leq 3.182\right) = 0.95$$

括弧の内部を取り出し,逆算すれば
↓

$$\bar{x} - 3.182\sqrt{\sigma^2/N} \leq \mu \leq \bar{x} + 3.182\sqrt{\sigma^2/N}$$

が得られる。そこで,推定値と標本数 =4 を代入して,

$$100 - 3.182\sqrt{10000/4} \leq \mu \leq 100 + 3.182\sqrt{10000/4}$$

$$-59.1 \leq \mu \leq 259.1$$

信頼係数 0.95 で,平均の母数 μ は $-59.1 \leq \mu \leq 259.1$ である。

▶数式では

[第 1 段階]
信頼係数を p とする。

[第 2 段階]
正規近似された推定値が起きる確率は p 以下になるはずと想定。
t 分布表から上側確率 $(1-p)/2$,自由度 $N-1$ を満たす t 分布の Z 値を求める。

t 分布の分布表(199 頁)を参照し,上側確率(行)の見出しには "$(1-p)/2$",自由度(列)の見出しには "$N-1$" を見つける。行と列の交わる所に "Z_p" を見つける。

したがって,Z は Z_p から $-Z_p$ の範囲。

[第 3 段階]
平均の点推定値 $= \bar{x}$

分散の点推定値 $= \hat{\sigma}^2$

[最終段階]

$$P\left(-Z_p \leq \dfrac{\bar{x} - \mu}{\sqrt{\hat{\sigma}^2/N}} \leq Z_p\right) = p$$

括弧の内部を取り出し,逆算すれば

$$\bar{x} - Z_p\sqrt{\hat{\sigma}^2/N} \leq \mu \leq \bar{x} + Z_p\sqrt{\hat{\sigma}^2/N}$$

が得られる。そこで,推定値と標本数 $=N$ を代入して,

$$\bar{x} - Z_p\sqrt{\hat{\sigma}^2/N} \leq \mu \leq \bar{x} + Z_p\sqrt{\hat{\sigma}^2/N}$$

$$\underbrace{\bar{x} - Z_p\dfrac{\hat{\sigma}}{\sqrt{N}}}_{l} \leq \mu \leq \underbrace{\bar{x} + Z_p\dfrac{\hat{\sigma}}{\sqrt{N}}}_{u}$$

信頼係数 p で,平均の母数 μ は $l \leq \mu \leq u$ である。

推定量も確率変数

ここまで、点推定や区間推定という推定方法を学びました。推定の際に用いた標本は無作為抽出によって選ばれるため、確率変数であることは既に述べた通りです。では、確率変数の標本をいくつも使って計算した推定量はどうでしょうか？ これも既に学んだ通り、確率変数です。実際、無作為抽出された標本を用いて計算した推定値は推定を行うたびに結果が変わるので、標本値を入れる推定量自身も確率変数なのです。まず、無作為抽出による標本を使う推定量自身が確率変数であることを確認しました。

推定量自身が確率変数と見なせるならば、推定量の確率論的な性質を求めることができるでしょう。例えば、期待値や分散といったものです。推定量の期待値や分散を求める意味があるのかと疑問に思うかもしれませんが、推定量の確率論的な性質が分かれば、次に学ぶように推定量の望ましさが評価できるようになります。

その際に重要な、抽象的な表記方法を学びましょう。まず、統計学では推定量を $\hat{\theta}$ と書くことがよくあります。θ はシータと呼び、$\hat{\theta}$(θ ハット)と書かれたら、単なる記号ではなく、特定または全ての推定量を指すと考えます。特定の推定量の場合にはその式を思い浮かべればいいですが、不特定の全ての推定量を指す $\hat{\theta}$ の場合には、イメージしにくい場合、例えば平均の推定量 $\frac{1}{N}\sum_{i=1}^{N} x_i$ と頭の中で置き換えてもいいでしょう。平均の推定量以外でも何でもいいですが、いろいろ推定量を書く代わりに代表して $\hat{\theta}$ が書かれたと想像するのです。すると、推定量の代表である $\hat{\theta}$ は確率変数になり、例えば期待値 $\mathrm{E}(\hat{\theta})$、分散 $\mathrm{Var}(\hat{\theta})$ をとることも何ら特別なことではありません。推定量が確率変数ならば、確率分布もちゃんとあるのですから。

標本が確率変数なら……

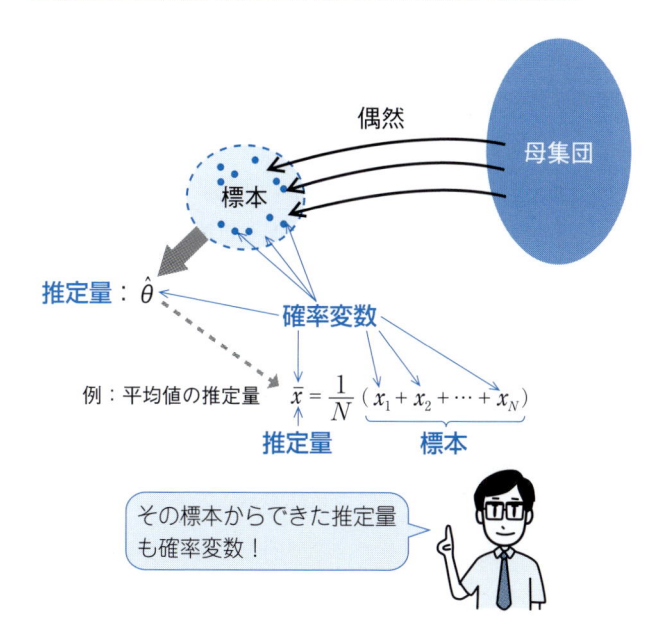

例：平均値の推定量 $\bar{x} = \dfrac{1}{N}(x_1 + x_2 + \cdots + x_N)$

その標本からできた推定量も確率変数！

コラム　分布関数

標準正規分布の確率を求める際に，それぞれの確率変数値以下となる下側確率が，確率分布表の内部に示されていました。この確率をどう求めるのかというと，**分布関数**という関数で計算します。

分布関数はまさしく下側確率の確率を求める関数で，離散確率変数では与えられた確率変数の値以下の確率関数の和，連続確率変数ではマイナス無限大から与えられた確率変数の値までの密度関数の積分で求めます。

望ましさはなぜ必要か：推定量の望ましさ

推定量は他の学問同様，神様が既に用意したものではなく，多くの研究者が様々な形で考案したものです。統計学では，それらの推定量の善し悪しを確率的な性質を使った基準で評価する必要があります。この基準を推定量の望ましさといいます。

では，推定量の望ましさはなぜ必要なのでしょうか？　まずは，考案された多くの推定量間の比較です。推定量であれば何でもよいのではなく，よりよい推定量を使うことが重要です。それに加えて，高度な内容に進むと，それぞれの推定量の限界を理解することが必要になります。例えば，計量経済学でははじめにクセのない理想的なデータが揃った場合の標準的な分析手法を学びます。しかし，現実の経済データには様々なクセがあります。そのクセを適切に処理できない標準的推定量は，推定量の望ましい状態から外れ，問題を起こすことが知られています。理想的なデータであれば問題はありませんが，クセのあるデータでは標準的な分析方法は限界が出てきます。クセにはクセに対応した特殊な推定量があるのです。

本書のような入門のさらに初歩の統計学では，高度かつ理論的な理解や対処が必要になる難しい話は出てきませんが，とりあえず，推定量の望ましさとは何かを理解することにしましょう。その望ましさとは，不偏性，一致性，正規性，効率性という4つの基準で表されます。本書では，この基準とそれぞれの基本的な意味を学びます。もう少し難度の高いテキストになると，平均の推定量などの基本的な推定量がこの4つの基準を満たすことを確認することができます。データのクセに伴う推定量の限界はそれより先の話です。学問は積み上げ学習的な部分もありますから，現段階では，今はそれを知るための下準備だと思って理解して下さい。

望ましさはなぜ必要か：推定量の望ましさ

世の中には推定量はいろいろ考案されている

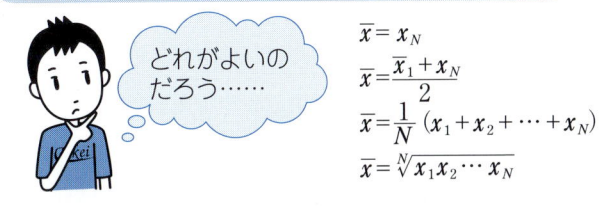

どれがよいの
だろう……

$\overline{x} = x_N$
$\overline{x} = \dfrac{\overline{x_1} + x_N}{2}$
$\overline{x} = \dfrac{1}{N}(x_1 + x_2 + \cdots + x_N)$
$\overline{x} = \sqrt[N]{x_1 x_2 \cdots x_N}$

推定量の望しさを表す4つの基準
- 不偏性
- 一致性
- 正規性
- 効率性

推定量の善し悪しを決める4つの基準があるよ。

コラム　統計用語と翻訳（1）

　推定量の望ましさの「効率性」は「有効性」と呼ばれることもあります。これは英語の "efficiency" の翻訳の違いで，意味は同じです。なお，統計学では，すばらしい翻訳がついているものも多いですが，語感としてしっくりこないものもあります。例えば，正規分布は「よくありふれた分布」という意味の "normal distribution" ですが，正規とすると語感から他の分布が間違いのような気がします。また，標準偏差も普通のはずれ方という意味の "standard deviation" です。分かりにくい用語の場合，語源に遡るとよいでしょう。

望ましい推定の意味

先に学んだ、推定量の望ましさを表す4つの基準の意味を感覚的にも分かりやすい形で、それぞれ理解しましょう。

まず、**不偏性**とは、推定量の期待値が推定対象の母数の値と等しくなる性質です。母数を中心に大小どちらにも偏らない、推定値が出てくるという意味でもあります。逆に不偏性がないと、母数と違う大小一方に偏った推定値が多く出るので望ましいとはいえません。

一致性とは、標本数が多くなるにつれて、推定量が推定対象の母数の値に近づいていく性質です。標本をより多く準備できれば、少ないときより母数に近い値だと期待できることを指します。

正規性とは、推定量の確率分布が正規分布だと既に分かっているという性質で、正規性があれば、本章の区間推定でも、第7章の点推定を使う仮説検定でも標準正規分布が使えて大変便利です。

上述の3つの基準は、一つひとつの推定量の望ましさを表します。しかし、**効率性**は複数の推定量を比較する際に使います。推定量は確率変数ですから分散を求めることも可能です。この推定量の分散は多様性よりも、母数からの外れやすさを意味します。分散が小さければ母数に近い推定値が出やすいですし、大きければ外れた推定値が出やすいといえます。したがって、2つの推定量を比較して分散の小さい方を効率的といいます。

右頁では期待値や分散などを用いて、4つの望ましさを数式で表現しました。本書ではこの内容を詳しく理解する必要はなく、本文で説明された意味が数式でもかなり簡単に表現できるのだなと感心する程度で、軽く眺めてみて下さい。裏返せば、長々と説明したいろいろな意味も数式で書くとすっきりと1つの表現で説明できるのだなと考えればよいでしょう。

推定量の望ましさの意味と数式による表現

不偏性:推定量 $\hat{\theta}$ は母数 θ^* を中心に大小一方に偏らない結果を得られる。

$$E(\hat{\theta}) = \theta^* \quad \longleftarrow \text{偏らないという意味}$$

一致性:推定量 $\hat{\theta}$ は標本数を増やすと母数 θ^* に近い値が出る確率が高くなる。難しくは確率収束という。

母数から外れる確率がどんどん下がるという意味

$$\theta \xrightarrow{p} \theta^*$$

正規性:推定量の確率分布は正規分布に従う。

$$\hat{\theta} \sim N(\theta^*, \sigma_\theta^2)$$

効率性:推定量 $\hat{\theta}$ の母数からの外れやすさは別のどんな推定量 $\tilde{\theta}$ に比べても,最小の一つに入る。

$$\text{Var}(\hat{\theta}) \leq \text{Var}(\tilde{\theta})$$

1つの推定量 　　　　どんな推定量でもいい

> 最も小さな分散になる推定量がいくつあってもいいけれど,$\hat{\theta}$ はその一つに入っていることを意味するよ。

◆ 簡易復習クイズ

1. 次の文章の下線部の正誤を答えなさい。また，誤っている場合には正しいものを答えなさい。
① <u>全数調査</u>をした場合には推測統計を使う。
② 統計量と異なり，推定量は<u>確率変数</u>である。
③ 推定が用いる標本数が増えるにつれて，その推定量が確率的に母数に近いと期待できる性質を<u>効率性</u>という。

2. 本章の母分散が分からない場合の平均値の区間推定の正しい手続の順に，下記の項目を並べ替えなさい。

(A) 平均と分散をそれぞれ点推定して，標本数と合わせて推定値を正規近似する式に代入し，区間を逆算するための条件式

$$P\left(-Z_p \leq \frac{\bar{x}-\mu}{\sqrt{\hat{\sigma}^2/N}} \leq Z_p\right) = p$$

を得る。

(B) t 分布の分布表を使って，上側確率が $\frac{1-p}{2}$ で，自由度が $N-1$ に該当する Z_p を求め確率的区間 Z_p, $-Z_p$ を求める。

(C) 1 から信頼係数 p を引いた確率 $1-p$ を 2 で割り $\frac{1-p}{2}$ を求める。

(D) 信頼係数 p を定める。

(E) 条件式 $P\left(-Z_p \leq \frac{\bar{x}-\mu}{\sqrt{\hat{\sigma}^2/N}} \leq Z_p\right) = p$ 括弧内の $-Z_p \leq \frac{\bar{x}-\mu}{\sqrt{\hat{\sigma}^2/N}} \leq Z_p$ を不等号に注意して，$\bar{x} - Z_p\sqrt{\hat{\sigma}^2/N} \leq \mu \leq \bar{x} + Z_p\sqrt{\hat{\sigma}^2/N}$ に変形して信頼区間を求める。

正解：1. ×（標本調査），○，×（一致性），2. D → C → B → A → E

第 7 章
仮説検定
——推測統計でいろいろな主張をテストしよう

統計学の全体像	第 1 章 統計学の役割と全体像	
統計学の基本	第 2 章 データの種類と収集方法	
	第 3 章 基本的な統計手法	
一歩進んだ統計学の考え方	第 4 章 確率論の基礎	
	第 5 章 統計と確率の関係	
一歩進んだ統計学の分析方法	第 6 章 推 定	
	第 7 章 仮説検定	
さらに発展的な統計学の分析方法	第 8 章 相関を推測する回帰分析	

様々な説をテストしよう：仮説

巷には様々な説があふれています。信頼できる組織や研究者が主張しているものもあれば，にわかには信じ難いような話まで，玉石混淆といえるいろいろな説が満ちています。実際，人々は誤った言説に惑わされることもしばしばあります。そこで，統計学でそれらの説を検査判定（テスト）する方法を学びましょう。

まずテストする際に，重要な約束事をしましょう。それは，どのような説も，はじめからその説が間違いだと決めつけずに，仮に正しいと考えてあげることです。本当か嘘かは分からないけれども，仮に正しいと考える説ということで，仮説といいます。このとき，信頼できる組織であろうが，まことしやかにささやかれる説であろうが，まずは同程度に信頼してあげます。

その仮説を統計学でテストします。仮説を検査して判定することから，仮説検定と呼びます。統計学は仮説をどのように検定するのでしょう。仮説の整合性や論理的な矛盾でしょうか？ 実は，仮説検定では**確率を使って仮説が成立する妥当性**を判定します。確率を使うため，推定と同じく，確率論に出てきた確率分布を使います。

この仮説検定で使う確率の話に入る前に，不確実な状態での仮説の検査や判定の困難さを知る必要があります。推測統計であるため手に入る情報は標本しかなく，全て元々不確実ですから，「この仮説が成り立つ確率」のような絶対的な基準で評価できません。絶対的な基準が分からない以上，その判定も難しくなります。すなわち，不確実な状況の下では，ある物事を確実な基準で測定できず，どのように判定したらよいか分からないというもどかしさに直面します。では，この問題をどのように解決するのでしょうか？ ここでも大きな発想の転換をして乗り越えていきます。

様々な説をテストしよう：仮説　　　145

> いろいろな説たち……

A．「太陽は東から昇る」
B．「明日の天気は晴れる」
C．「今の学力なら資格試験に合格できる」
　　などなど

Aは確実なことだけど，
BやCは本当かどうか分からない。

⬇

BやCもとりあえず正しいと想定して
「仮説」と呼ぶことにする。

仮説検定はこの「仮説」を検査して判定すること。

⬇

ただし，統計学では不確実性があり，仮説を確実には判定できない。

つまり……

「確率」を利用して，発想の転換を図りながら判定する。

仮説はもどかしくて分かりにくい：帰無仮説と対立仮説

「○○という仮説が成り立つ確率」のような絶対的な基準が使えない状態で，仮説をどう検定するのでしょうか？ まず，とりあえず正しいとした仮説に目を向けましょう。仮説の成り立つ確率が分からない以上，仮説が成り立つか否かという積極的な判定はできそうにありません。そこで，発想の転換で，その仮説が成立する可能性の低い偽説か否かを検証することを考えましょう。仮説を立証するのはあきらめて，ゴーストバスター（お化け退治人）ならぬ仮説バスター（仮説退治人）となって，**仮説を反証的に検査する**のです。立証とは仮説の正しさを積極的に支持することで，反証は仮説の間違いを指摘することです。立証はたくさんの証拠を積み上げる必要がありますが，反証は一つの矛盾，一つの困難があれば，その仮説が成り立ち得ないと判定できて単純かつ便利な方法論です。

そこで，反証的に判定できるように仮説を仕立て直します。仮説検定では，立証的検査ができないため，反証的に，対抗する仮説の妥当性が低いとして消し去り，もう一方の残った対立する仮説に妥当があると判定します。対抗する仮説を消し去りたいという意味を込めて帰無仮説と呼び H_0 と書きます。帰無とは「無に帰す」という意味で，否定的に見る仮説です。帰無仮説に対立する仮説を対立仮説と呼び H_1 と書きます。なお，帰無仮説を排除できれば，対立仮説が成り立つ形で，仮説を設定する必要があります。そのため，対立仮説が主張できる帰無仮説を上手に設定しなければなりません。

支持したい仮説がある場合，**対抗する仮説を持ち出して，それを打ち消す**ことが必要なので，もどかしい作業になります。帰無仮説の支持者からすれば，対立仮説の踏み台にされるため，ポジティブではない，相互に否定し合う足の引っ張り合いともいえます。

帰無仮説と対立仮説

- 不確実性があると判定は困難。
  → 手元にある標本は偶然によるもので，標本からでは絶対に正しいことはいえない。
- 仮説の確率を測るのも困難。

そこで発想の転換！　妥当性の低い仮説を探す
→ダメ仮説退治人になろう！

支持する仮説に対抗する仮説を退治して，
支持する仮説を残そうと考える。

反証的な方法

対抗する仮説を退治できた仮説や退治
できずに残った仮説たちは，
正しい確率が高いと考えられる。

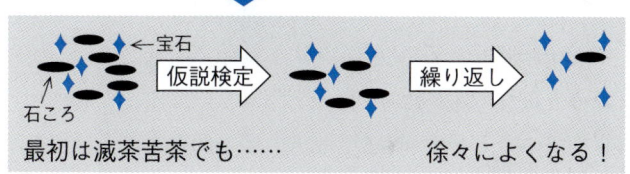

こうすると……

←宝石　　仮説検定　　繰り返し
石ころ
最初は滅茶苦茶でも……　　　徐々によくなる！

対立仮説を支持するための踏み台
退治したい対抗する仮説を 帰無仮説（H_0）という。

双方の仮説が対立

帰無仮説に対立する仮説を 対立仮説（H_1）という。
本音はこちらの仮説を支持したい

仮説をどのように確率を使って評価するか

　仮説検定は，帰無仮説の妥当性が低いとして，対立仮説を支持しようとします。仮説検定も推測統計の一つなので，偶然に左右される標本を使い，推定を活用します。すると，推定値の確率を仮想的に計算できても，それは真実の確率ではないので，そのまま使うことは難しそうです。

　では，帰無仮説で確率をどう使うのでしょうか？ここでも発想の転換をします。まず，どんなあやしげなものでも引き続き**帰無仮説を正しい**と考えます。その上で，標本を無作為抽出で集めます。そして，帰無仮説が正しいとして，推定値が起きる確率（生起確率）を計算します。帰無仮説の確率ではなく，区間推定のときと同じく，推定値が起きる確率を考えるのがポイントです。すると，今回の標本の生起確率が分かるだけと思えますが，また発想の転換をします。まず入手した標本はごくまれにしか起きない標本ではない，すなわち，区間推定のときのような「よくある」標本の一つだと考えます。そして，帰無仮説の下での推定値の生起確率が低いのは，逆に，帰無仮説の方が妥当性が低いからだと考えるのです。

　仮説検定の考えをまとめましょう。基本的な考え方は，排除したいけれどもあえて正しいとした帰無仮説での推定値の生起確率を計算します。もしその確率が低ければ，帰無仮説は妥当でないと考え，対立仮説が妥当だと判定します。このとき，統計学では**帰無仮説を棄却し，対立仮説を受容する**といいます。この際，排除という意味の棄却と，受け入れる意味の受容を使います。棄却できない場合は**帰無仮説は棄却できない**といい，対立仮説には触れません。真実かどうか分からない仮説はまずは受け入れつつ，確率的に低いものは捨てる選別をするのです。

仮説をどのように確率を使って評価するか

反証とは，ある主張を偽りであると証明すること。

⬇

仮説検定は確実な間違いを指摘できないので，厳密な意味での反証はできず，反証的程度に留まる。

⬇ ではどうするのか……

帰無仮説が正しいと考える妥当性が低いことを示し，支持する対立仮説に妥当性を与える。

⬇ では次に，どうやって確率を使うのか……

ポイントはまず仮説が正しいと考えるところ！

帰無仮説が正しいとした場合の標本が起きる生起確率ならば求められる。

⬇ そこで判定の際の発想の転換！

とりあえず正しいとした帰無仮説を前提とすれば，実際の推定値の生起確率は正しく測れる！

⬇

現実では確率の高いことがよく起きるので，推定値も確率の高いことが起きているはずと考える（大前提）。

⬇

帰無仮説が正しいならばそこで求まる推定値の生起確率も高いはず。一方，偽説ならばその生起確率は低いはず……

⬇

帰無仮説が正しいという前提で推定値の生起確率が低いのは，元々帰無仮説が無理のある妥当性の低い仮説だからと考える。

⬇ つまり……

帰無仮説を棄却して，対立仮説を受容する。

棄却できない仮説＝正しい仮説なのか

　帰無仮説が棄却できない場合，その仮説は正しいのでしょうか？ 先に述べたように，仮説検定は反証的に判定すると述べました。これは，判定の考え方も大きく変えます。帰無仮説が棄却できなくても，その説がそのまま正しいことを意味しません。正しい真説は反証できませんが，反証できない偽説もたくさんあります。ですから，帰無仮説が棄却できないから，妥当とするのは間違いなのです。

　また，仮説検定は厳密な意味で反証でもありません。反証は否定可能な矛盾や困難が一つあれば，それは偽説として問題ありません。しかし統計は不確実性が相手です。本来は正しい仮説（真説）も標本の出方で，運悪く帰無仮説として棄却されることもあります。逆に，本来は正しくない仮説（偽説）が運よく帰無仮説として棄却できないこともあります。最終的に，繰り返し仮説検定を行い，対立仮説として多く受容されたり，帰無仮説として多く棄却されない仮説は確率が低いといえないので妥当性が高いとしか判定できません。

　したがって，帰無仮説で棄却されたから，もはや否定されたと考えず，様々な人々が様々なデータで同じテーマを仮説検定して，何度も棄却されているようであれば，その仮説はどうも偽説のようだと考え，逆に帰無仮説が棄却できない仮説は真説の可能性があると一定の信頼を置くのです。統計学の世界では，どちらが正しいとか，どちらが間違いだという白黒はっきりした世界がない，限りなく白に近いグレーか，限りなく黒に近いグレーしか存在しない世界でそれを見ます。では，最後はどう判定するのでしょうか？ それは，あなたの価値判断です。繰り返し棄却されている帰無仮説を信じるのも，繰り返し棄却されない帰無仮説を疑うのも，自由です。統計学はその科学的な判断材料を提供するにすぎません。

棄却できない仮説＝正しい仮説なのか　　151

帰無仮説と対立仮説の判定とその意味は……

帰無仮説を前提とすると，推定値の生起確率が低いので，逆に帰無仮説の妥当性が低いと考えられ，対抗する対立仮説が妥当だとして受け入れることを
「帰無仮説を棄却し，対立仮説を受容する」という。

帰無仮説を前提とすると，推定値の生起確率が高いので，帰無仮説の妥当性が低いとはいえず，帰無仮説が妥当な可能性を排除できないとすることを
「帰無仮説を棄却できない」という。

> 仮説検定の目的は，帰無仮説を棄却することなんだ。

> ところで，棄却できなければ帰無仮説は正しいの……？

> 違うんだ！ 帰無仮説が正しいことにはならないんだ。単に帰無仮説が正しい可能性がきわめて低いとはいえないだけで，その可能性も捨てきれないということだよ。

> 分かりにくいなぁ……

> 白黒はっきりしない不確実な世界の中で，これでも大きな進歩なんだよ。

基準を使って判定しよう：有意水準

 生起確率が低いか否かの判定には確率の基準が必要です。これを有意水準といいます。有意とは偶然に起きたとするには難しいくらい大きな意味の有る可能性が高いという意味で，偶然と見なすには無理があるという考え方です。通常は 10％，5％，1％を用います。
 例えば，有意水準 5％で，帰無仮説を前提とした標本の推定値の生起確率が 5％以下だった場合，逆に帰無仮説に無理があるので妥当でないという判定を下します。実際は，帰無仮説の方が正しく，本当に推定値が偶然にその結果をとったかも知れません。その場合，この判断は間違いとなります。しかし，そのミスをする確率は 5％しかありません。すなわち，ここも発想の転換なのですが，万一帰無仮説が正しくとも，手元にある標本を用いて評価した際に，それが小さな確率ならば，リスクをとって，それは妥当性がないと考え，対立仮説の方を受容するのです。帰無仮説が正しい場合に，帰無仮説を棄却して対立仮説を受容する確率は，有意水準分しかありませんので，その間違いを犯す確率は非常に低いといえるでしょう。

 なお，本書は従来型の仮説検定を学びますが，最近の統計ソフトでは p 値（p は "probability" に由来）が計算されます。これは，帰無仮説が正しい前提で，その推定値の生起確率が p 値以下の確率だということを表します。例えば，p 値が 0.03 なら，帰無仮説が正しいとした場合に，その標本による推定値の生起確率は 3％以下だということになり，有意水準を 5％とすれば，帰無仮説が棄却されます。なお，従来型の仮説検定はこの p 値をパソコンのようには簡単に求められないので，もう少し大ざっぱな方法を使って判定します。ただ，得られる結論は全く同じです。

基準を使って判定しよう：有意水準

推定値の生起確率が「低い」とする基準

統計では「有意水準」という確率を使う。

有意水準の有意とは、確率的偶然で片づけられないほど、意味が有ると考えられる確率の程度のこと。
通常、10％、5％、1％がよく使われる。

⬇

推定値の生起確率が有意水準を下回ったら、帰無仮説を棄却する。実は、有意水準は帰無仮説が正しいときに、帰無仮説が誤って棄却される確率でもある。

> 最近のパソコンの統計ソフトでは、帰無仮説を前提とする推定値の生起確率を p 値（p-value）として出してくれるんだ。

推定値	12345
p 値	0.0296
⋮	⋮

> 統計ソフトのように p 値が出ない場合には、従来型の仮説検定で確率分布と確率変数の値を使って仮説検定すればいいんだ。

> p 値と有意水準を比較して、p 値が有意水準より小さければ、帰無仮説を棄却する。

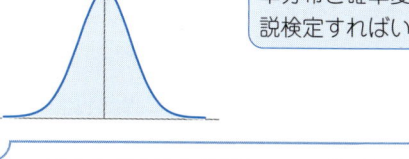

🔵 仮説検定の手続

　仮説検定の手続は次の通りです。第1段階は，支持したい仮説に対抗する仮説を帰無仮説に設定します。対立仮説は，支持したい仮説を設定します。なお，帰無仮説が棄却できれば，対立仮説が受容できる形で仮説を論理的に設定するよう注意し，点推定を使うので平均や分散など推定可能な母数が使える仮説にします。次に，この仮説検定のリスクを表す有意水準を決定します。

　また，対立仮説に母数などの数値の大小関係が事前情報として分かる場合は**片側検定**と呼び，その大小関係を加えます。一方，事前情報がない場合や決められた大小関係がない場合には**両側検定**と呼びます。事前情報がないことが多いため，両側検定が一般的ですが，事前情報があれば後に述べるように片側検定が望ましいでしょう。以上で仮説検定の枠組は終わりです。

　第2段階は，帰無仮説が正しい前提で確率が求められる推定値を，無作為抽出の点推定で求めます。次に，帰無仮説が正しい前提での，標本による推定値の生起確率を，推定量が従う確率分布から求めます。なお，従来型の仮説検定は推定値の生起確率を直接計算できないので，点推定の前に低い確率に対応する変数の値を求めます。

　最終段階は，帰無仮説の判定をします。推定値の生起確率が有意水準を下回る，すなわち，帰無仮説を前提とした推定値の生起確率が有意水準を下回るなら，逆に帰無仮説の方が妥当性のない無理のある主張をしていると考え，「有意水準 p で帰無仮説を棄却，対立仮説を受容する」とします。一方，推定値の生起確率が有意水準を上回れば，帰無仮説はおかしいといえるような無理すぎる主張をしてはいないとして，帰無仮説をひとまず棄却せず，「帰無仮説を棄却できない」として仮説検定を終了します。

仮説検定の手続

1. 仮説検定の枠組を立てる。
   - まず，帰無仮説と対立仮説を立てる。
   - リスクである有意水準を決め，仮説検定の種類（両側検定，片側検定）を決める。

2. 帰無仮説を前提とした点推定の生起確率を求める。
   - 無作為抽出で標本を収集して，点推定する。
   - 帰無仮説を前提として，手元の標本の生起確率（p 値）や，または p 値がない場合は標準化された値を求める。

3. 帰無仮説の判定をする。
   - 最後に有意水準と推定値の生起確率を比較して，判定する。

コラム　有意水準の理由

有意水準はなぜ，10%，5%，1%といった値を使うのでしょうか？慣習だからといってしまえばそれまでなのですが，元々は，仮説検定を間違える確率が，10%では10回に1回，5%では20回に1回，1%では100回に1回であったため，この間違える回数に由来するようです。

母分散が分かる場合の平均値の仮説検定（1）

　母集団の平均値 μ が，ある値と異なるか否かを判定する，<u>平均値の仮説検定</u>をしましょう。なお，本書は p 値を使わない，従来型の仮説検定とし，第6章の区間推定と全く同じ理由で標本から得た平均の推定値が正規分布に従い，母分散も分かっているとします。母分散が分からない場合は，後ほど学びます。

　第1段階として，まず仮説を設定します。平均を μ とする帰無仮説を立て，その逆に平均は μ ではないという対立仮説を立てます（(7.1)式）。大小関係は不明として両側検定にします。また，有意水準も通常の10%，5%，1%からなるべく小さいものを選びます。

　本書は従来型の仮説検定をするため，第2段階では，有意水準に当たる確率に対応する確率変数の値を推定量の従う確率分布から求めます（図7-1）。今回の推定値は正規分布に従い，母分散が分かっていることを前提にしました。すると，帰無仮説が正しいとした場合の点推定値も正規分布に従います。正規分布に従う確率変数を標準化すると標準正規分布になるので，それを利用します。大まかな計算方法は，有意水準を p として，標準正規分布が左右対称なので，その有意水準 p を2で割った確率 $\frac{p}{2}$ が標準正規分布の両端にくる場合を確率が低いとして，対応する確率変数の値 Z_p と $-Z_p$ を求めます（図7-3）。具体的には，標準正規分布の1から上側確率 $\frac{p}{2}$ を引いた下側確率 $1-\frac{p}{2}$ に当たるものを，標準正規分布表の確率から探し，対応する確率変数の値 Z_p を求めます（図7-2）。仮説検定では，標準化された推定値がこれを超えると帰無仮説が棄却されるという意味で，Z_p を<u>臨界値</u>と呼びます。プラスの値である Z_p が求まれば，マイナスにすることで，両端の臨界値 Z_p と $-Z_p$ が求められます（図7-3）。なお，Z_p を <u>Z 値</u>と呼ぶこともあります。

母分散が分かる場合の平均値の仮説検定をしよう:従来型(1)

母分散は $\sigma^2 = 10000$ とあらかじめ分かっているとする。

▶表 6-1 のサンプルデータ例

[第 1 段階]
まず仮説を立てる。

$$H_0: \mu = 250 \quad H_1: \mu \neq 250 \quad (7.1)$$

仮説検定の種類と有意水準 α を決める。

両側検定, $\alpha = 0.05$

[第 2 段階]
従来型の仮説検定のため,有意水準に対応する臨界値を求める(パソコンで p 値があればそちらを利用)。

図 7-1

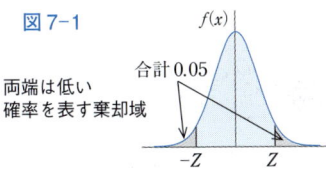

両端は低い確率を表す棄却域 / 合計 0.05 / $-Z$, Z

分布表から探すと

図 7-2

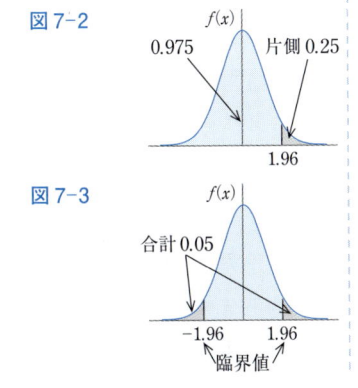

0.975 / 片側 0.25 / 1.96

図 7-3

合計 0.05 / -1.96, 1.96 / 臨界値

▶数式では

[第 1 段階]
まず仮説を立てる。

$$H_0: \mu = \tilde{\mu} \quad H_1: \mu \neq \tilde{\mu}$$

仮説検定の種類と有意水準 α を決める。

両側検定, $\alpha = p$

[第 2 段階]
従来型の仮説検定のため,有意水準に対応する臨界値を求める(パソコンで p 値があればそちらを利用)。

両端は低い確率を表す棄却域 / 合計 p / $-Z$, Z

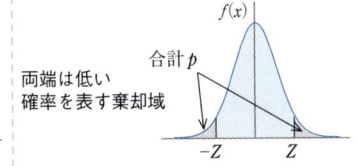

分布表から探すと

$1 - \dfrac{p}{2}$ / 片側 $\dfrac{p}{2}$ / Z_p

合計 p / $-Z_p$, Z_p / 臨界値

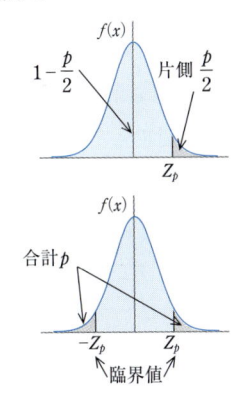

母分散が分かる場合の平均値の仮説検定（2）

　通常，第2段階では，帰無仮説が正しいとする前提で，標本による推定値の生起確率を求めます。これは先に述べた p 値に当たります。しかし，従来型の仮説検定をする場合，直接確率を求めず，その代わり，臨界値と比較できるように，帰無仮説が正しい場合の推定値の確率分布上の値を求めます。今回の標本を用いた推定量は正規分布に従うとしているので，標準化して標準正規分布の値を求めます。この標準化の段階で，母分散が分かっていることが必要になります。なお，母分散が分からない場合も，区間推定のときと同様に使われる分布が変わります。区間推定と同様の方法で標準化すると（(7.2)式），帰無仮説が正しい前提における，平均の推定値の標準正規分布上の値が分かります。この値を用いると，推定値の確率が有意水準で定めた低い確率以下か否かが判定できます。このとき，推定値の生起確率に対応した確率変数上の値を求める計算式を，仮説検定では**検定統計量**といいます。今回の平均値の仮説検定では，標準正規分布を利用するため平均の点推定をして標準化するまでが検定統計量に当たります。また，標本から得られた推定値が入ると，**検定統計値**といいます。

　最終段階は，臨界値と直前に求めた検定統計値の比較で，帰無仮説を前提とした場合，推定値の生起確率が有意水準以下のめずらしい確率になるかを判定します。もし，検定統計値が Z_p よりも大，または $-Z_p$ よりも小である，すなわち確率分布の確率変数値の中心から見て臨界値よりも外側にあれば，有意水準以下の低い確率として帰無仮説を棄却し，対立仮説を受容します。このとき，臨界値より外側の領域を**棄却域**ともいいます。棄却域にない場合には帰無仮説は棄却できません。右頁は帰無仮説が棄却される例です。

母分散が分かる場合の平均値の仮説検定をしよう：従来型（2）

（続き）
帰無仮説を前提として，標本の生起確率を表す標準化された値を標本から求める（検定統計量という）。

$$\frac{100-250}{\sqrt{10000/4}} = \frac{2(100-250)}{100} = -3 \quad (7.2)$$

[最終段階]
帰無仮説を判定する。

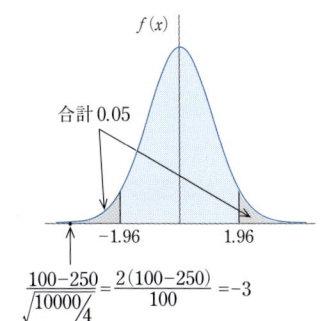

（グラフ：$f(x)$、合計 0.05、-1.96 と 1.96）

$$\frac{100-250}{\sqrt{10000/4}} = \frac{2(100-250)}{100} = -3$$

$-3 < -1.96$ 検定統計値が臨界値の外側。

有意水準 0.05 で，
H_0 を棄却し，H_1 を受容する。

（続き）
帰無仮説を前提として，標本の生起確率を表す標準化された値を標本から求める（検定統計量という）。

$$\bar{x} = \frac{1}{N}\sum_{i=1}^{N} x_i, \quad 標本 = N$$

$$\Rightarrow \frac{\bar{x}-u}{\sqrt{10000/N}}$$

[最終段階]
帰無仮説を判定する。

（グラフ：$f(x)$、合計 p、$-Z_p$ と Z_p）

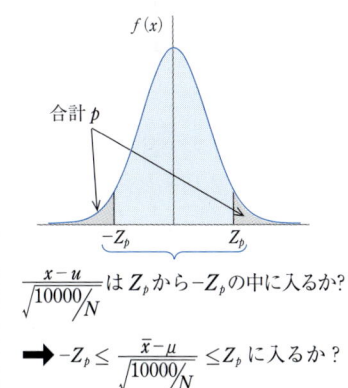

$\dfrac{\bar{x}-u}{\sqrt{10000/N}}$ は Z_p から $-Z_p$ の中に入るか？

$$\Rightarrow -Z_p \leq \frac{\bar{x}-\mu}{\sqrt{10000/N}} \leq Z_p \text{ に入るか？}$$

有意水準 p で，
H_0 を棄却し，H_1 を受容する，または H_0 を棄却できない。

母分散が分からない場合の平均値の仮説検定

平均値の仮説検定でも、区間推定のときと同様、母分散が分からないと、確率変数を求める際に分散を推定する必要があります。平均値の仮説検定では第2段階と第3段階で使われる確率分布が、区間推定のときと同様、標準正規分布からt分布に変わります。また、検定統計量で使われた標準化も、正規近似に変わります。なお、t分布には自由度が必要ですが、こちらも区間推定のときと同じで、標本数Nから1を引いた$N-1$となります。

その後は、先に学んだ平均値の仮説検定と同じ手続になります。違いといえば、t分布における臨界値を求める際に、これも区間推定のときと同様、自由度と上側確率を使って、t分布の分布表内部から、臨界値Z_pを求める程度です。区間推定のときと同様、分散が分からないと、手続が少し煩雑になる点に注意します。右頁には、計算例と数式の対応関係を示しておきました。

なお、平均値の仮説検定は、どんな使い道があるのか、具体的な例を述べられませんでした。実際には、例えば昔からあるお菓子を好んで食べているとしましょう。そのとき、最近お菓子の重量が極端に重い、または軽い気がしたとしましょう。でも、包装袋に書かれた重量は昔から変わらない……もしかしたら、最近、この会社の製造機械が壊れているのでは？と思ったとします。このようなときには、包装袋に書かれた重量を$\tilde{\mu}$として、帰無仮説をお菓子の母平均重量μが$\tilde{\mu}$であるとする帰無仮説$H_0: \mu = \tilde{\mu}$、そうでないとする対立仮説$H_1: \mu \neq \tilde{\mu}$を立てます（両側検定）。後はそのお菓子をたくさん買ってきて、ここで学んだ検定統計量や臨界値を使うと、立派な仮説検定ができます。例えば、事前に重いと分かっていれば、対立仮説を$H_1: \mu > \tilde{\mu}$として、次に学ぶ片側検定をします。

実際に分散が分からない場合の仮説検定をしよう：従来型

▶表6-1のサンプルデータ例

[第1段階]
まず仮説を立てる。

$H_0 : \mu = 250 \quad H_1 : \mu \neq 250$

仮説検定の種類と有意水準αを決める。

両側検定, $\alpha = 0.05$

[第2段階]
t分布から臨界値を求める。

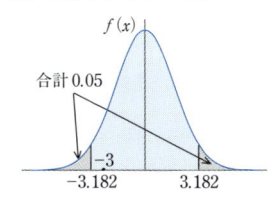

合計 0.05
-3
$-3.182 \quad 3.182$

分散を推定して，帰無仮説を前提として標本の生起確率を表す正規近似された値を求める。

$$\text{平均の推定値} = \frac{50+50+50+250}{4} = 100$$

$$\text{分散の点推定値} = \frac{30000}{4-1} = 10000$$

$$\frac{100-250}{\sqrt{10000/4}} = \frac{2(100-250)}{100} = -3$$

[最終段階]
仮説を判定する。

$-3 > -3.182$

H_0を棄却できない。

▶数式では

[第1段階]
まず仮説を立てる。

$H_0 : \mu = \tilde{\mu} \quad H_1 : \mu \neq \tilde{\mu}$

仮説検定の種類と有意水準αを決める。

両側検定, $\alpha = p$

[第2段階]
t分布から臨界値を求める。

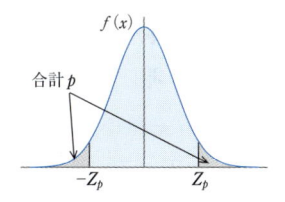

合計 p
$-Z_p \quad Z_p$

分散を推定して，帰無仮説を前提として標本の生起確率を表す正規近似された値を求める。

$$\bar{x} = \frac{1}{N}\sum_{i=1}^{N} x_i, \quad \text{標本} = N$$

$$\hat{\sigma}^2 = \frac{1}{N-1}\sum_{i=1}^{N}(x_i - \bar{x})^2$$

$\Rightarrow \dfrac{\bar{x} - u}{\sqrt{\hat{\sigma}^2/N}}$

[最終段階]
仮説を判定する。

$-Z_p \leq \dfrac{\bar{x}-\mu}{\sqrt{\hat{\sigma}^2/N}} \leq Z_p$ に入るか？

有意水準pで，H_0を棄却し，H_1を受容する，またはH_0を棄却できない。

片側検定による平均値の仮説検定

対立仮説に使う母平均が，例えば仮説検定に使う値よりも小さいのではないかという事前情報がある場合，より精度の高い仮説検定をすることが可能です。大小関係が事前に分かる場合には，**片側検定**と呼ばれる仮説検定になります。なお，大小関係が不明である場合や，大小関係がとくに定まらない場合はこれまでに学んだ**両側検定**で検定します。

片側検定では，両側検定に比べて対立仮説の立て方と確率分布の臨界値の求め方が一部変わりますが，その他の手続は基本的には同じです。片側検定では有意水準を割り算せず，そのままの確率で，事前情報のある側の臨界値を求めます。右頁では，母平均が帰無仮説で決めた値より小さいという事前情報を用います。この場合，有意水準に対応する確率変数の値を得るために，あえて t 分布表から有意水準の確率に対応するプラス側の臨界値 Z_p を求めます。その上で，臨界値の符号をマイナスにして，仮説検定に使う臨界値を求めます（図7-4）。逆に，母平均が帰無仮説で決めた値より大きいという事前情報がある場合は，Z_p の符号を変えずにそのまま臨界値 Z_p として使います。

なお，右頁の例を見ると分かりますが，同じ有意水準の場合，両側検定では帰無仮説を棄却できませんが，片側検定では棄却できています。このように，片側検定は便利な面があります。また，両側検定で帰無仮説を棄却できる場合，より低い有意水準で片側検定を棄却できます。有意水準はリスクに当たるので，片側検定が利用可能であればそのリスクが下がり，望ましいでしょう。分析をはじめる前に，大小関係をはじめとした事前情報が使える場合，それを活用することで，精度の高い分析ができることが分かります。

片側検定による平均値の仮説検定

両側検定と片側検定の比較：母分散が分からない場合

▶表6-1のサンプルデータ例

両側検定	片側検定

[第1段階]
まず仮説を立てる。

$H_0 : \mu = 250 \quad H_1 : \mu \neq 250$

仮説検定の種類と有意水準αを決める。

両側検定, $\alpha=0.05$

[第2段階]
t分布から臨界値を求める。

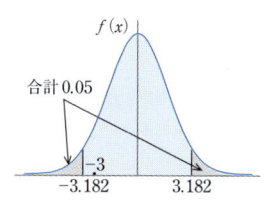

合計 0.05
-3
$-3.182 \quad 3.182$

分散を推定して，帰無仮説を前提として標本の生起確率を表す正規近似された値を求める。

平均の推定値 = $\frac{50+50+50+250}{4} = 100$

分散の点推定値 = $\frac{30000}{4-1} = 10000$

$\frac{100-250}{\sqrt{10000/4}} = \frac{2(100-250)}{100} = -3$

[最終段階]
仮説を判定する。

$-3 > -3.182$

H_0を棄却できない。

[第1段階]
まず仮説を立てる。

$H_0 : \mu = 250 \quad H_1 : \mu < 250$

仮説検定の種類と有意水準αを決める。

片側検定, $\alpha=0.05$

[第2段階]
t分布から臨界値を求める。

図7-4

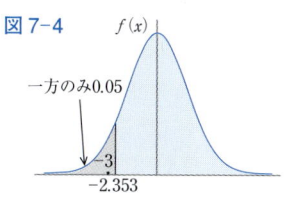

一方のみ0.05
-3
-2.353

分散を推定して，帰無仮説を前提として標本の生起確率を表す正規近似された値を求める。

平均の推定値 = $\frac{50+50+50+250}{4} = 100$

分散の点推定値 = $\frac{30000}{4-1} = 10000$

$\frac{100-250}{\sqrt{10000/4}} = \frac{2(100-250)}{100} = -3$

[最終段階]
仮説を判定する。

$-3 < -2.353$

有意水準0.05で，H_0を棄却し，H_1を受容する。

望ましい仮説検定とは:第1種のエラーと第2種のエラー

推定には，望ましい推定量という基準がありました。同様に，望ましい仮説検定もあります。それを学んでいきましょう。

仮説検定の目的とは，帰無仮説を棄却することです。逆に，仮説検定で帰無仮説を棄却できないのはある意味で失敗です。棄却すべきものだけ，正しく棄却できることが重要です。その際に問題になるのは偶然です。推測統計では偶然を活用するため，仮説検定は偶然によって間違いを犯すのを避けられません。仮説検定の主旨通りに帰無仮説を棄却したものの，それが間違いだということもあります。棄却できないはずの帰無仮説が，偶然のいたずらで間違って棄却されてしまうのですから大問題です。その間違える確率を知ることはできるでしょうか？ 実はそれは，分析者自身が決めた有意水準です。有意水準は低い確率として，推定値の生起確率と比較する際に使いましたが，同時に間違える確率という意味でもあり，その確率は低いとして，リスクをとって，帰無仮説を棄却すると述べたと思います。このように，有意水準が示す確率で帰無仮説を棄却して，それが間違いになることを第1種のエラーといいます。

もう一つあります。本来は帰無仮説を棄却すべき偽説なのに，仮説検定をすり抜けて棄却できないという場合です。こちらも厄介です。上手に棄却したくとも，偶然のせいですり抜けてしまうのです。こちらはよりよい検定統計量を開発することでしか対応できません。こちらの間違いを第2種のエラーといいます。また，第2種のエラーに対しては棄却すべきものを的確に検出する力ということで，検出力と呼ばれる指標もあります。検定統計量の望ましさは，数理統計などのより高度な統計学で学ぶことになります。

第1種のエラーと第2種のエラー

▶たとえ話で理解すると分かりやすい！

	警察なら……	統計学では……
目　標	真犯人を捕まえること	帰無仮説を棄却すること
第1種のエラー	一般市民を間違って犯人にする（冤罪）	帰無仮説が正しいのに，帰無仮説を間違って棄却する（有意水準）
第2種のエラー	真犯人を取り逃がす	棄却すべき正しくない帰無仮説を受容してしまう
方　針	まず冤罪を起こさないようにして，検挙率を上げるよう努力する	まず第1種のエラー（有意水準）を下げて，第2種のエラーをできるだけ下げる（検出力を上げる）

仮説検定は帰無仮説を棄却するのが目的だから，帰無仮説を棄却するときこそ慎重に，そして，できるだけ棄却漏れのないように気をつけよう。

コラム　統計の歴史（3）：現代統計学への発展

　20世紀に入ると，統計学は飛躍的に進歩します。とくに，ロナルド・フィッシャー（1890-1962）は著名な業績を残しました。
　フィッシャーはケンブリッジ大学卒業後，就職したイギリスのロザムステッド農事試験場の研究員時代に，本書で学ぶ仮説検定の元となる実験計画法，平均との差の二乗に重要な役割を見出す分散分析，小さい標本を意味する小標本の統計理論などを開発しました。他にも，自由度の発見や最尤法の開発など現代の統計学に大きな影響を与えています。

◆ 簡易復習クイズ

1. 次の文章の下線部の正誤を答えなさい。また，誤っている場合には正しいものを答えなさい。
① 仮説検定の帰無仮説とは<u>棄却</u>することを意図した仮説である。
② 仮説検定では検定統計値と<u>臨界値</u>の比較を行う。
③ 有意水準は<u>高い</u>ほどよい。

2. 本章の従来型の母分散が分からない場合の平均値の仮説検定の正しい手続の順に，下記の項目を並べ替えなさい。

(A) 平均と分散を推定して，正規近似する検定統計量に代入する。

(B) 検定統計値と臨界値を比較して，帰無仮説を判定する。

(C) 帰無仮説と対立仮説を立てる。

(D) 有意水準 p を決めて，両側検定か片側検定か決める。

(E) 検定統計量が従う t 分布を使って，自由度 $N-1$ と上側確率に対応した確率変数値 Z_p（有意水準の臨界値）を求める。

(F) 両側・片側検定に応じた有意水準の上側確率を求める。

正解：1. ○, ○, ×（低い）, 2. C→D→F→E→A→B

第8章
相関を推測する回帰分析
——計量経済学の入り口

統計学の全体像	第1章 統計学の役割と全体像
統計学の基本	第2章 データの種類と収集方法
	第3章 基本的な統計手法
一歩進んだ統計学の考え方	第4章 確率論の基礎
	第5章 統計と確率の関係
一歩進んだ統計学の分析方法	第6章 推　定
	第7章 仮説検定
さらに発展的な統計学の分析方法	第8章 相関を推測する回帰分析

より強力な統計手法：回帰分析

　前章までで，統計学の基本部分の学習は終わりです。本章では上級科目の橋渡しのために，もう少し高度な統計分析を学びます。これまでは，平均や分散といった個々のデータの母集団の特徴を推定，仮説検定しました。しかし，変数間の関係性の推定や，その関係を仮説検定するまでには至りませんでした。そこで，変数間の関係を評価できる回帰分析という方法を学びます。

　回帰分析では，回帰モデルと呼ばれる方程式で**変数間の相関関係性**を表現します。その上で，変数間の関係を具体的に特徴づける数値を母数にして推定します。その推定値の妥当性を，仮説検定を用いて検証し，相関関係にある程度の妥当性を与えます。

　この回帰分析は今までと異なる点があります。まず，これまでは変数1つに対する推定や仮説検定でしたが，回帰分析は変数間の関係（相関）を評価する点です。また，推定なら推定，仮説検定なら仮説検定と別々に行うのではなく，推定した上でその結果を補助する形で仮説検定を行い，相関の観点で，推定値にある程度の妥当性を与える点も異なります。1つの変数を評価する際にも，平均値の仮説検定のように推定して，仮説検定をすることはあります。しかし，回帰分析では，推定と合わせて必ず仮説検定をします。

　また，統計的関係性である相関は，原因と結果を表す明確な因果性を示すわけではないことも注意しましょう。回帰分析は変数間のデータの関係を母数として数量化し，安定性を評価するだけで，それが因果性を持つとまでは述べません。因果性があれば，仮説検定で相関として確認できますが，因果性がなくても，変数間に安定的な相関があれば仮説検定でもそれが反映されます。統計学は，因果関係までには踏み込まない慎み深い学問でもあります。

より強力な統計手法：回帰分析　　　169

> 回帰分析とは……

> 回帰分析とは，これまでの推定や仮説検定よりも複雑なデータの間の関係を推定したり，仮説検定したりする分析方法。
> 回帰分析では「回帰モデル」を用いる。

▶「回帰」とは

本来，平均から大きく外れた値が出ても，次の値は平均近くに帰る傾向を平均への回帰という。
ただ，回帰分析の「回帰」は，誤差でズレた部分が打ち消し合い平均的な関係に帰るという意味。

▶「モデル」とは

モデルとは現実の変数の間に安定的な関係があると考えて，単純化された「模型」を作ること。

　　　　本　物　　　　　模　型

> 「模型」を「モデル」と呼んでいるんだね。
> 単純化されている分少し本物とは違うけど，必要な所は本物と同じだし，難しいことでも考えやすくて，いろいろと便利だね。

相関関係の表現：回帰モデル

変数間の関係を相関関係といいますが，その相関関係を回帰分析ではどのように表現するのでしょうか？

相関関係は数式で $y_i = \alpha + \beta x_i + \varepsilon_i$ と表現し，**単回帰モデル**，**回帰モデル**，とくに**線形回帰モデル**とも呼びます。y_i を説明される変数を意味する**被説明変数**，また x_i は被説明変数を説明する変数である**説明変数**と呼びます。α は説明変数と関係なく被説明変数に影響する定数値として**定数項**と呼びます。β は被説明変数への説明変数からの影響度を表す係数で，**回帰係数**と呼びます。ε_i はショックのような説明変数では説明できない偶然な様々な要因を表現するもので，**誤差項**あるいは**攪乱項**と呼びます。

回帰モデルとは，**平均に回帰する性質**を持った模型という意味です。すなわち，回帰モデルはこの平均的傾向を計測することが主眼です。個々の標本は偶然を含む様々な事情によって，多様な結果を出します。しかし，平らに均す平均をとれば，それらの個々の事情や偶然が打ち消されて，安定的な性質を持つのは既に学んだ通りです。裏返せば，あるとき，平均よりも大きすぎたり，小さすぎたりしても，その後は平均に近い値になることで，その極端な結果が少しずつ弱まっていきます。なお，どのような偶然があっても結果の多くは平均の近くに集まっていこうとする性質を持ちます。これを平均へ戻ろうとするとして平均への回帰といいます。

統計は計り続べることであり，統べるときは，全体的に，長期的に考えることを重視するので，安定的で平均的な関係性が分かれば十分です。そのため，平均への回帰という性質を使って，平均的な傾向を測ります。なお，予測に使うことも可能ですが，あくまでも平均的傾向ですから，個々の結果が外れることは避けられません。

回帰モデルとは……

左辺の変数（被説明変数）が右辺の定数と諸変数で説明されるとするモデル。

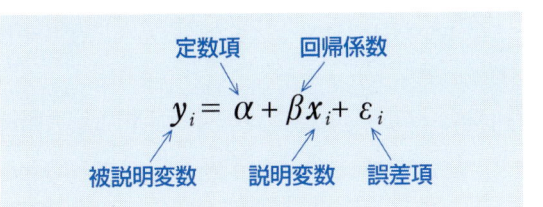

$$y_i = \alpha + \beta x_i + \varepsilon_i$$

- 定数項: α
- 回帰係数: β
- 被説明変数: y_i
- 説明変数: x_i
- 誤差項: ε_i

説明変数が1つの場合，単回帰モデルと呼ぶ。
また，それぞれの要因が，和で結ばれているので，線形回帰モデルとも呼ぶ。

$$y_i = \alpha + \beta_1 x_{1,i} + \beta_2 x_{2,i} + \cdots + \beta_K x_{K,i} + \varepsilon_i$$

上式のように，説明変数が2つ以上の場合には，重回帰モデルと呼ぶ。

回帰分析で具体的に何ができるのか

回帰モデルの考え方について学んだので，実際どのような場合に使うのかを見ていきましょう。回帰分析は単回帰分析ならば，1つの被説明変数を1つの説明変数が説明します。重回帰分析では1つの被説明変数を，複数の説明変数が説明します。したがって，回帰分析にはデータは1つだけではなく，少なくとも説明変数や被説明変数といった複数のデータセットが必要になります。

表8-1には，サンプルデータとして，テストの点数と勉強時間の値があります。勉強時間とテストの点数には，ある種の相関があると考えられます。例えば，勉強をすればするほど，その科目への理解が深まるので，テストの点数も上がる関係があると考えてよいでしょう。実際データを見てみると，成績のよい生徒は勉強時間も長いようです。見た目だけでは安心できないという場合には，本書の前半で学んだグラフを使ってみることもできます。今回は横軸に勉強時間，縦軸にテストの点数をとって，データのあるものに点をつけてみましょう。このように，2つのデータの関係を見るのに便利な，点をばらまいたように見える図を**散布図**といいます。すると，図8-1のように，やはり勉強時間とテストの点には何らかの関係がありそうです。

回帰分析はこのような勉強時間とテストの点数といった相関関係を推定します。また，(8.1)式で示される回帰モデルは中学校で学ぶ直線の方程式のような形をしています。そのため，実際に，散布図上で，図8-1の点線のように(8.1)式を描くことができます。

では実際，回帰分析に必要な a や β をどう求めたらよいのでしょうか？ データを見ているだけではどうにもできそうにありません。統計学はこの回帰分析でも発想の転換で問題を乗り越えていきます。

回帰分析で具体的に何ができるのか   173

> サンプルデータを使って回帰モデルを推測しよう

表 8-1 サンプルデータ

標本番号	テストの点数	勉強時間
1	90	9
2	90	7
3	80	5
4	70	8
5	60	6
6	50	5
7	50	4
8	40	2
9	40	1
10	30	3

▶回帰モデル

$$y_i = \alpha + \beta x_i + \varepsilon_i \tag{8.1}$$

回帰モデルでは，テストの点を被説明変数の y_i，勉強時間を説明変数 x_i と置くと，勉強時間がテストの点とどう関係しているかを表すことができる。

2つの変数の相関を見ることができるグラフを「散布図」という。回帰モデルは散布図で表すと直線で描かれる。

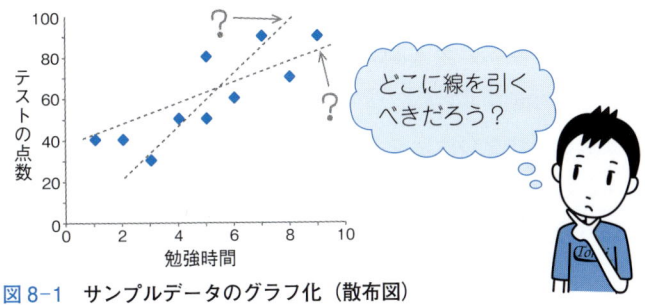

図 8-1 サンプルデータのグラフ化（散布図）

🔵 鍵は誤差項にあり：推定

　回帰モデルでは先に述べた通り，説明される変数の被説明変数を，説明変数と回帰係数の積，定数項，そして誤差項が分担して説明します。そして，推定をする際の目的は回帰係数と定数項の値を求めることにあります。

　ここで，なぜ定数項よりも回帰係数を先に強調して書いているのかというと，実は変数間の相関を知りたい場合に一番重要なのは**回帰係数**であり，定数項ではないからです。回帰係数は，説明要因である説明変数が変化した場合に被説明変数がどれだけ変化するかを示す重要な値です。一方で，定数項は説明変数にかかわらず一定なので，相関関係を知る目的の回帰モデルでは重要度が低いのです。

　というわけで，回帰係数と定数項という2つの母数を知りたいのですが，実際どのようにして求めたらいいのでしょうか？　ちなみに，説明変数と被説明変数の2つだけしか，手元の情報はありません。そうすると，知りたい回帰係数と定数項以外に，ショックを示す誤差項も分からないことになります。こうなるとお手上げのような気がしてきます。しかし，ここでもまた，統計学はこれまでと全く同じように大胆な発想の転換をして，この問題を切り抜けます。その鍵は回帰係数でも定数項でもなく，誤差項です。

　なお，その際には誤差項に，ある程度妥当で標準的な性質に当たる仮定を設けます。さらに「原理」と呼ばれる誤差項の性質を想定する突飛な条件をつけることで，回帰係数と定数項を逆算してしまいます。これも，統計学らしい突飛な発想や発想の転換を通じて得られた方法論です。あまりに唐突で何をしているのか分からなくなったら，まずは落ち着いて，その突飛な発想の鍵の部分に当たる誤差項の取扱いを，しっかりと追ってみて下さい。

説明変数と被説明変数しか分からないケース

y_i と x_i は分かっている……

$$y_i = \alpha + \beta x_i + \varepsilon_i$$

α や β はどうやって求める?

実はあまり重要なように見えない ε_i がそれを解く鍵なんだ!

やはり統計学には思いもよらない発想の転換が多いなぁ……

コラム 統計用語と翻訳(2)

本書では説明変数,被説明変数という言葉を使いましたが,説明変数を独立変数,被説明変数を従属変数と呼ぶこともあります。これは単なる翻訳の違いというよりも,説明変数は "independent variable", "explanatory variable", "regressor" など,被説明変数は "dependent variable", "explained variable", "regressand" などと多様な呼び方があるため,それを翻訳した際の違いなのです。ただし,意味はどれも同じです。

誤差項に関する仮定

誤差項に条件となる標準的な仮定を与えると述べました。数学などでは，多様な環境が想定されうる場合，環境を一部に限定することで，分かりやすい話を試みます。この環境の限定を「仮定」といいます。回帰分析でも，誤差項に，日常一般に想定される環境である標準的な仮定を与えて話を進めます。

第1の仮定は，**誤差項の期待値が0**という仮定です。誤差項で表されるショックは互いに打ち消し合い，確率論的な平均値をとると0になるとします。第2の仮定は，**誤差項の分散は未知だが一定**という仮定です。通常，誤差項の分散は分かりません。しかし，時間や場所，条件を問わず，そのショックの多様性は同じだと仮定します。第3の仮定は，**異なる誤差項間の共分散は0**という仮定です。これはある時点やある場所のショックが他のショックに影響を与えないという仮定です。第4の仮定は，**誤差項の確率分布は正規分布に従う**という仮定です。最後の第5の仮定は，**誤差項と説明変数の共分散は0**という仮定です。これは誤差項と説明変数の間に相関関係がないことを意味します。難しい仮定のように見えますが，後に学ぶように，理由が分かれば素直な仮定だと分かります。

この5つの仮定を線形回帰モデルの古典的仮定（略して古典的仮定）と呼びます。古典的仮定とは，昔はこれを前提として回帰分析したという意味で，現在もまず標準的状態だと想定します。そのため，古典的仮定と呼ばずに，標準的仮定と呼ぶこともあります。次に学ぶように，古典的仮定の想定は現実として妥当性があります。しかし，経済学の場合，とくにその想定と異なることもたくさんあります。そのため，現代は古典的仮定が分析の出発点にすぎず，この仮定が成立しない状況を検出・対処しなければなりません。

誤差項の仮定

「仮定」というと驚くけれど,通常想定される誤差項の標準的な性質の決まりごとのようなもの。

> 1. 誤差項の期待値は0とする。
>
> 2. 誤差項の分散は未知であっても一定とする。
>
> 3. 異なる誤差項の間は無相関とする。
>
> 4. 誤差項は正規分布に従う。
>
> 5. 誤差項と説明変数は無相関とする。
>
> 以上を,線形回帰モデルの古典的仮定という。

いつもは成り立つことも特殊な状況では成り立たないこともある。その場合は高度な方法によるちゃんとした対処が必要だ!

計量経済学では,経済現象でよく起きる特殊な状況での統計学的な問題の処理を学ぶんだ。

仮定する理由

　誤差項の性質になぜ仮定を置くのでしょうか？ ショックなのだから，あまり仮定を置くのは望ましくないと思うでしょう。統計学も可能なら仮定は置きたくありません。しかし，仮定を置かないと特殊な状況がたくさん出てきて，あまりに複雑で対応できないため，仮定は避けられないのが実態です。では，この仮定の意味するところは何かというと，自然現象を想定すれば分かりやすいでしょう。

　例えば，誤差項の期待値が0というのは，回帰分析の本来の意味からも分かる通り，均せばショックは「ない」のと同じだという意味です。また，誤差項の分散が一定についても，ショックの出方の多様性は，時間や場所を問わず安定的という意味です。異なる誤差項間の共分散が0というのも，各ショック間の関係で，前のショックの出方にかかわらず，次のショックが全く別個に決まり，両者とも全て偶然で起きるはずだという意味です。ショックを表す誤差項も特殊な分布をとらず，文字通りありふれた正規分布だと想定するのが無難という意味です。誤差項と説明変数の相関は，本来誤差項が説明変数では説明できない変動を意味することから，説明できないショックと説明できる説明変数が相関しているのは不自然なためです。

　したがって，古典的仮定は，誤差項が自然現象のように，まさに「偶然のショック」として振る舞った場合の性質を表しています。これはあながち無理のある仮定ではないといえるでしょう。

　ただ，自然現象を例にしたことで分かるように，経済学では自然現象に比べて厄介なことが多いはずです。相手が人間であったり，その集合体の組織であったり，経済活動の結果を表す変数の場合，この仮定が成り立たなくなることがよくあります。

回帰モデルの古典的仮定とは……

誤差項の期待値が0って何？

モデル化できない偶然のショックなら平均すれば0になるはず。逆に0にならなければモデル化で対処すべきということだよ。

誤差項の分散が未知だけど一定って？

誤差項の分散を分析者が知らなくてもよいけれど，偶然の多様性が観測値ごとに変化しないことが大切なんだ。

異なる誤差項が無相関って具体的に何？

偶然の悪いショックが起きたときに，それをきれいに忘れて，次の行動ができることかな！　普通の人はなかなか難しくてできないけどね。

通常は誤差項が正規分布になるの？

中心極限定理を考えれば，諸々のショックの組合せが正規分布になると考えても無理のある発想ではないんだ。

通常は誤差項と説明変数が無相関とは何？

技術的には難しい話だから，計量経済学で学んでね。

原理という考え方

これまでの推定は，平均なら平均，分散なら分散という考え方に基づいた統計量や推定量があり，記述統計にしろ，推測統計にしろ，その式にそのまま代入して記述統計ならば統計値，推測統計ならば推定値を出しました。しかし，回帰分析では求めたい回帰係数 β や定数項 a の推定量が何かは回帰モデルを見ていても浮かびません。そこで，ここでも大きな発想の転換をします。

先に，回帰モデルでは誤差項が鍵だと述べました。まさに，ここに着目をします。そして，このように考えるのです。実際の誤差項の値はどうなっているか分からないけれど実際の誤差項の推定値（残差ともいいます）に「ある性質を持つはずだ」と考えてみるのです。真の誤差項の値を知らないのに，勝手に誤差項はこうなっているはずだと決めつけるのは変なのですが，あえてこういった突飛な発想をします。すると，実は今まで回帰モデルを眺めているだけでは分からなかった推定量がたちどころに作れるのです。

このとき，誤差項の推定値が持つとする性質を「原理」と呼びます。そしてこの原理は一つではなく，回帰モデルでは3つの原理がよく用いられます。まずは本書で学ぶ最小二乗原理です。最小二乗原理は誤差項の値に着目して，その二乗した和が最小になるはずだと考えます。他には，誤差項自身が確率変数だという点に目をつけて，入手した誤差項の推定値を確率に換算したときに，その同時確率が想定されうる最も高い確率になるはずだと考える最尤原理があります。また，誤差項自身および，誤差項と説明変数に関する推定値が古典的仮定で決めた期待値と一致するはずだとする直交（モーメント）原理もあります。これらは日常感覚からするとおかしな話なのですが，大変有益な結果をもたらしてくれます。

原理とは……

「他に頼るものなく，単独で成り立つ規則」のこと。
→原理を条件としてそれに合うものを推定値とする。

> 最小二乗原理：誤差項の二乗和が最小となるようにαやβを決定すべき。
>
> 最尤原理：誤差項の同時確率が最大となるようにαやβを決定すべき。
>
> 直交原理：誤差項と説明変数の期待値が回帰モデルの古典的仮定と一致するようにαやβを決定すべき。

本来推定したいαやβではなく誤差項εという，一見すると関係なさそうなものが重要な役割を演じる点がポイントだ！

コラム　最小二乗法の起源

18世紀のヨーロッパでは国際競争と絡み，天体観測がさかんに行われました。そこで，観測誤差の処理の適切な方法に関心が集まりました。膨大な観測値に理論的な関係性を見出す多くの研究者の取組みの中で，数学者であるピエール・シモン・ド・ラプラス（1747－1827）やアドリアン・マリー・ルジャンドル（1752－1833）などが最小二乗法を提案し，19世紀に入りヨハン・カール・フリードリヒ・ガウス（1777－1855）がその妥当性を示すことで，一般的に広がっていきました。安藤洋美『最小二乗法の歴史』（1995，現代数学社）に詳しくこれらの歴史が書かれています。

推定の仕方：最小二乗推定量

最小二乗原理で，回帰モデルの母数 α，β の推定量である**最小二乗推定量**を求めてみましょう。まず，最小二乗原理を確認すると，「観測された誤差項の推定値の二乗した和が最小になるはずだ」という原理です。そこでまず，仮想的に誤差項の推定値が分かっているとして ε_i にハットをつけた $\hat{\varepsilon}_i$ と置いて，この二乗和 $\sum_{i=1}^{N} \hat{\varepsilon}_i^2$ を最小化します。しかしこのままでは分からないので，回帰モデルを $\hat{\varepsilon}_i = y_i - (\hat{\alpha} + \hat{\beta} x_i)$ と書き直して，$\hat{\varepsilon}_i$ に代入します。なお，定数項と回帰係数にそれぞれ $\hat{\alpha}$，$\hat{\beta}$ とハットマークがついていますが，こちらも $\hat{\varepsilon}_i$ と同じで，仮想的に定数項と回帰係数の推定値が分かっているという意味です。

すると，$\sum_{i=1}^{N} \hat{\varepsilon}_i^2$ が $\sum_{i=1}^{N} \{y_i - (\hat{\alpha} + \hat{\beta} x_i)\}^2$ に置き換えられます。このとき，最小二乗原理が効力を発揮します。確認ですが，最小二乗原理は誤差項の二乗和 $\sum_{i=1}^{N} \hat{\varepsilon}_i^2$，すなわち $\sum_{i=1}^{N} \{y_i - (\hat{\alpha} + \hat{\beta} x_i)\}^2$ が最小の値だとします。x_i，y_i は分かるけれども，$\hat{\alpha}$，$\hat{\beta}$ が分かりもしないのに，この値が最小だといえないので，その最小二乗原理に従うように，分からない $\hat{\alpha}$，$\hat{\beta}$ を逆算してしまおうと考えるのです。

このとき，$\sum_{i=1}^{N} \{y_i - (\hat{\alpha} + \hat{\beta} x_i)\}^2$ を最小にするような $\hat{\alpha}$，$\hat{\beta}$ を求めるという少し難しい計算が必要です。経済学ではこの計算を**最小化問題**といい，その解法が経済数学やミクロ経済学にあります。最小化問題の計算の仕方については，そちらの入門書を参照して下さい。実際に最小化問題を計算すると，最小二乗推定量として，まず回帰係数が (8.2) 式で得られ，定数項が (8.3) 式から得られます。なお，標本を使った実際の推定では回帰係数 $\hat{\beta}$，定数項 $\hat{\alpha}$ の順に求めます。

推定の仕方：最小二乗推定量　　　　　183

> 最小二乗推定量の計算の方法

> 最小二乗原理：誤差項の二乗和が最小となるようにαやβ
> を決定すべき。
>
> ⬇
>
> $y_i = \hat{\alpha} + \hat{\beta}x_i + \hat{\varepsilon}_i$ を求めてみる。

$\hat{\varepsilon}_i = y_i - (\hat{\alpha} + \hat{\beta}x_i)$ に直すと，最小二乗原理が使える。

⬇

誤差項の二乗和 $\sum_{i=1}^{N}\hat{\varepsilon}_i^2$，すなわち $\sum_{i=1}^{N}\{y_i - (\hat{\alpha} + \hat{\beta}x_i)\}^2$ が最小となる$\hat{\alpha}$や$\hat{\beta}$を探そうと考える。

⬇

最小化問題を解くと……

⬇

一般的には

$$\hat{\beta} = \frac{\sum_{i=1}^{N}(x_i - \bar{x})(y_i - \bar{y})}{\sum_{i=1}^{N}(x_i - \bar{x})^2} \quad (8.2)$$

説明変数の平均　　被説明変数の平均

$$\hat{\alpha} = \bar{y} - \hat{\beta}\bar{x} \quad (8.3)$$

x_iとy_iおよびその平均でαとβが求められるよ！

🔵 仮説検定の方法：t 値

 推定の次は仮説検定に移りましょう。推定値だけでなく，その相関関係にある程度の妥当性を与える仮説検定を用いて，回帰分析の結果を補強するのです。回帰分析で関心があるのは，被説明変数と説明変数の相関関係です。推定値は相関の度合いや方向性を示します。しかし，それらは統計的に相関がないのに，偶然の影響でその推定値が出ただけかもしれません。それを仮説検定で検査します。

 仮説検定は反証的であることを既に学びました。そこで，相関があるとか母数に近いなどと，積極的に主張できないので，相関がないという仮説の妥当性がない，すなわち相関があると推測されると判定することを考えます。具体的な手続としては，相関がないとは，回帰係数が 0 と同じなので，$\beta=0$ を帰無仮説（H_0）とします。すると，事前情報がなければ両側検定となり，帰無仮説の逆である $\beta \neq 0$ が対立仮説（H_1）となります。

 次に，帰無仮説の下での推定値の生起確率を測る検定統計量が必要です。これは，推定値として得られた $\hat{\beta}$ と，別途計算する $\hat{\beta}$ の分散の推定値（**標準誤差**という）$\hat{\sigma}_\beta^2$ の平方根 $\hat{\sigma}_\beta$ の比である $\frac{\hat{\beta}}{\hat{\sigma}_\beta}$ が t 分布に従うことを利用します。$\hat{\beta}$ の分散の推定値 $\hat{\sigma}_\beta^2$ の求め方やなぜ t 分布に従うのかは計量経済学などの上級科目で学びます。

 $\frac{\hat{\beta}}{\hat{\sigma}_\beta}$ が有意水準の下での t 分布上の臨界値の外側にあれば，帰無仮説は棄却され，被説明変数と説明変数は相関があると判定できます。$\frac{\hat{\beta}}{\hat{\sigma}_\beta}$ を **t 値**と呼び，この仮説検定を回帰分析では **t 検定**と呼びます。回帰分析では通常，推定値と t 値が併記されます。

> t 検定のあらすじ的説明をすると……

$$y_i = \alpha + \beta x_i + \varepsilon_i$$

において，β が $\overset{\text{ゼロ}}{0}$（無相関）といえるかどうかを仮説検定する。

⬇

β が $\overset{\text{ゼロ}}{0}$ である可能性があれば，y_i と x_i に関係がない可能性を意味するので分析結果に疑問符がつく。

⬇

仮説検定で無相関だという帰無仮説を棄却して，少なくとも y_i と x_i に相関関係が最低限ありそうだと確認しておく。

⬇

そのために，仮説検定はまず仮説を
$$H_0 : \beta = 0$$
$$H_1 : \beta \neq 0$$
と置いて，検定統計量である t 分布を使う。

詳しい内容は計量経済学など上級科目で学ぼう。

実際に回帰分析をしてみよう

回帰分析の方法を学んだので，サンプルデータ（表8-1）を使い，実際に回帰係数と定数項を推定，仮説検定してみましょう。

実際の推定は，既に求められた最小二乗推定量に被説明変数や説明変数の値を代入して求めます。表8-1は，勉強時間とテストの点数の相関なので，テストの点数を被説明変数，勉強時間を説明変数にします。このとき，被説明変数と説明変数の平均$\bar{x}$，$\bar{y}$をまず求め，いよいよ推定の計算に移ります。

推定値を求めるにはまず，回帰係数の推定値$\hat{\beta}$からはじめなければなりません。なぜなら，$\hat{a}$を求める際には$\hat{\beta}$が必要になるからです。推定値$\hat{\beta}$を求めるには，分子と分母を分けて求めてその比をとります（(8.4)式）。まず，分子に説明変数と被説明変数の平均からの差の積を合計します（(8.5)式）。分母には説明変数の平均からの差の二乗を合計します（(8.6)式）。その比をとると$\hat{\beta}$が得られます。そして$\hat{\beta}$が得られたら，$\bar{x}$，$\bar{y}$を合わせて$\hat{a}$を求めます（(8.7)式）。

次に，t検定を行います。t検定は，まず相関がないとする帰無仮説とその逆の対立仮説を立て（(8.8)式），本書では説明を省いた検定統計値を使って判定します。通常，パソコンの統計ソフトを使うとp値が求められ，今回のp値は 0.002 と分かります。これは有意水準を 0.01 としても十分低い値なので，有意水準 0.01 で帰無仮説が棄却でき，説明変数と被説明変数の相関の妥当性が示されました。

最後に，散布図上に回帰モデルの直線を描きましょう。このとき重要なのは，$\hat{a}$と$\hat{\beta}$，x_iから**予想される被説明変数の値**を求めることです（(8.9)式）。これを理論値と呼びます。また，実際のy_iを実績値と呼びます。理論値は説明変数の値に対応して得られるので（表8-2），その点をつなぐと図8-2のように直線が得られます。

> **表8-1のサンプルデータで実際に回帰分析をしてみよう**

回帰分析では,

$$\hat{\beta} = \frac{\sum_{i=1}^{10}(x_i-\bar{x})(y_i-\bar{y})^2}{\sum_{i=1}^{10}(x_i-\bar{x})^2} , \hat{\alpha} = \bar{y} - \hat{\beta}\bar{x} \tag{8.4}$$

に当てはめて計算する。テストの点を被説明変数の y_i, 勉強時間を説明変数 x_i, それぞれの平均を $\bar{y}$, $\bar{x}$ とすると, X と Y の平均から差の積の和は

$$\begin{aligned}\sum_{i=1}^{10}(x_i-\bar{x})(y_i-\bar{y}) =& (90-60)(9-5)+(90-60)(7-5)+(80-60)(5-5)+(70-60)(8-5)\\&+(60-60)(6-5)+(50-60)(5-5)+(50-60)(4-5)+(40-60)(2-5)\\&+(40-60)(1-5)+(30-60)(3-5) = 420\end{aligned} \tag{8.5}$$

X の平均からの二乗和は

$$\begin{aligned}\sum_{i=1}^{10}(x_i-\bar{x})^2 =& (9-5)^2+(7-5)^2+(5-5)^2+(8-5)^2+(6-5)^2+(5-5)^2\\&+(4-5)^2+(2-5)^2+(1-5)^2+(3-5)^2 = 60\end{aligned} \tag{8.6}$$

そして得られた結果を代入すると, 最小二乗推定値が得られる。

$$\hat{\beta} = \frac{\sum_{i=1}^{10}(x_i-\bar{x})(y_i-\bar{y})}{\sum_{i=1}^{10}(x_i-\bar{x})^2} = \frac{420}{60} = 7, \hat{\alpha} = \bar{y} - \hat{\beta}\bar{x} = 60 - 7 \times 5 = 25 \tag{8.7}$$

被説明変数と説明変数の相関を確認するため, 回帰係数の仮説検定を t 検定ですると, 仮説と検定統計量は次の通り(本書では, 検定統計量および p 値は結果のみ)。

$$\text{仮説} \to \begin{matrix}H_0 : \beta = 0\\H_1 : \beta \ne 0\end{matrix} \quad \text{検定統計量} \to \frac{\hat{\beta}}{\sigma_{\hat{\beta}}} = \frac{7}{1.62} \approx 4.32, \quad p \text{ 値} \approx 0.002 \tag{8.8}$$

よって, 有意水準 0.01 で H_0 を棄却し, H_1 を受容する。なお, 理論値は

$$\text{理論値} = \hat{\alpha} + \hat{\beta}x_i \Rightarrow \text{理論値} = 25 + 7x_i \tag{8.9}$$

であることを使うと, 以下の表8-2と図8-2が書ける。

表8-2 実績値と理論値

標本番号	テストの点数(実績値)	勉強時間	テストの点数(理論値)
1	90	9	88
2	90	7	74
3	80	5	60
4	70	8	81
5	60	6	67
6	50	5	60
7	50	4	53
8	40	2	39
9	40	1	32
10	30	3	46

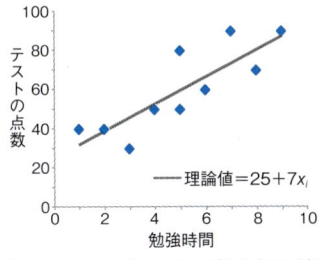

図8-2 元のデータと回帰分析の結果

有用な指標：決定係数

　推定，仮説検定以外にも，回帰モデルには有益な指標があります。本書で紹介する説明力を示す指標や，上級の内容で学ぶ回帰モデルの適切さを測る指標などです。仮説検定とは異なり，統計分析に必須の手続ではありませんが，より良い推定結果を得るための有力な情報を提供してくれます。本書では基本的なものを一つ紹介するに留めますが，使えると心強い助っ人になるでしょう。

　回帰モデルで，説明変数が被説明変数に対し，どの程度説明力を持つかという指標として，決定係数があります。決定係数は回帰分析によって説明されたデータの変動と被説明変数自身のデータの変動の比で示されます。決定係数は0から1までの値をとり，1に近いほど説明力が高いことを意味します。

　決定係数を使えば，分析した回帰モデルがどの程度被説明変数を説明できたかが分かります。もし決定係数が低いなら，場合によっては，より良い回帰モデルを検討したり，同種の別のデータに変更してもよいかもしれません。決定係数はその値を上げるように試みることで，より妥当な結果が得られるかもしれないと教えます。

　ただし，注意しなければならないのは，決定係数は本質的には推定，仮説検定と異なり統計分析に必須の手続ではないということです。すなわち，必ずしも決定係数を上げる必要はないのです。決定係数が高い方が望ましいですが，分析対象やデータの性質などでも上下してしまいます。したがって，あくまでも決定係数は高い方が望ましいので，低ければ様々な可能性を検討することを勧められている程度にすぎません。とくに見当たらなければ，決定係数が低くとも，無理に決定係数を上げずに，分析を終えるのが妥当です。

回帰分析の補助ツールとして決定係数がある

$$\text{決定係数} = \frac{\text{回帰分析で説明できた変動}}{\text{被説明変数自身の変動}}$$

1に近づくほど説明力が高い！

決定係数 0 ──────────── 決定係数 1

ただし，決定係数はあくまでも補助資料！推定と仮説検定が一番重要だよ！

コラム　その他の補助的情報

　計量経済学で使う補助的な情報のその他の例は，決定係数の修正版である自由度修正済み決定係数，説明変数に曲線を使うべきかどうかなどを判断するラムゼイの定式化検定，データのクセなどの対処やモデルの改善が妥当であったかを判断するハウスマンの定式化検定などがあります。なお，これらは回帰診断という項目で学ぶことになります。

なぜ計量経済学が必要か

なぜ計量経済学が必要なのでしょうか？ 統計学でよいのではないのでしょうか？ 計量経済学を別個に扱う理由は何でしょう？

通常の統計学は，経済現象や人の行動だけに関心を持つのではありません。統計手法全般に関心を持ちます。一方で，経済現象は人の営みから生まれます。すると，人間らしい問題が起きてきます。例えば，幸運や不幸が訪れたときに，人はそれに大きく影響されます。例えば，宝くじに当たれば，少額だったとしてもいつも以上に気が大きくなって散財してしまうかもしれません。また，財布を落としてしまえば，ショックが大きくて失ったお金以上にお金を節約してしまうかもしれません。そして，通常，その影響をしばらくは引きずってしまうものです。一方自然現象ならば，前日に何か起きたからといってものの落下速度が変化することはまずありません。これが自然を扱うか，人や社会を扱うかの違いです。

統計学は自然も人も扱える共通した手法を開発するのですから，その意味ではとくに経済現象だけ扱うような統計分野は個別に扱った方がよさそうです。そのため，計量経済学という個別の分野を設けて，経済学に合った統計学を深めています。

したがって，経済学で統計学を使いたい場合には計量経済学を学ぶのが望ましいといえるでしょう。計量経済学では通常，回帰モデルを学び，推定量の望ましさを学びます。推定量の望ましさを学ぶのは，実際の経済データがその望ましさを実現できないことが多いからです。経済データにクセがあるために，推定量が望ましくない状況になった場合，どのような症状があるのか，それをどう検知し，その対処方法はどうしたらよいのかなどを学びます。計量経済学の方法論を適切に適用することで，はじめて正しい推測ができます。

なぜ計量経済学が必要か

> 経済学で，統計学に加えて計量経済学を学ぶ理由は？

答：経済学が，「人の営み」を相手にするから！

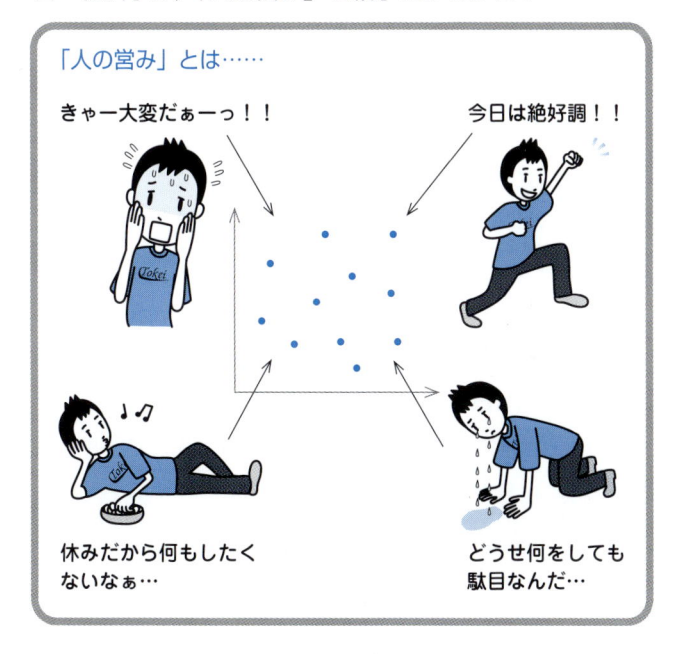

「人の営み」とは……

きゃー大変だぁーっ！！

今日は絶好調！！

休みだから何もしたくないなぁ…

どうせ何をしても駄目なんだ…

人の営みは自然現象と違って，いろいろ複雑だなぁ……

それ以外の統計手法

計量経済学で主に学ぶ回帰分析は経済学分野では非常に重要な分析手法ですが、統計的手法はその他にもあります。また、経営学分野などでは回帰分析以外の方法を使うこともあると思います。そこで、その他の統計手法の簡単な紹介をしておきます。

推測統計ではない記述統計の手法の中で、回帰分析のように情報をいくつかの要因に分解する方法があります。このとき、様々な類似情報を集めてきて、共通因子を求めることを考えます。共通因子を求める方法を因子分析といいます。また、回帰分析のような方法ではあるのですが、因子分析とは逆に、様々な情報を統合して総合指標を作りたい場合があります。この方法を主成分分析といいます。因子分析は各情報の中にある共通因子、主成分分析は全ての情報を統合した際の一つの傾向的性質を求めることに利用できます。

また、データを統計学を用いて2つにグループ化したい場合などには判別分析、複数グループの場合はクラスター分析を使います。マーケティングなどで、立地、価格、品質などといった複数の要因の望ましい組合せを求める際などにはコンジョイント分析が用いられることもあります。

さらに、人などの判断パターンやプロセスを図示して、それぞれの関係の強度を測るパス解析や、因子分析や回帰分析を組み合わせた共分散構造分析などもあります。

これらは多変量解析と呼ばれる形で関連するテキストが出されていることも多いので、関心のある人は手にしてみるといいでしょう。本書で学んだ統計学はほんの入り口ですし、計量経済学も統計の一分析方法にすぎません。自分の関心にあった分析手法を見つけ出すことが大変重要です。

様々な統計分析

相互に影響し合う可能性の
ある変数の関係を知りたい

回帰分析：ある変数と他の変数の相関を求める

能力評価などによる情報の
総合化，要因分解をしたい

主成分分析：各項目から総合指標を作り出す
因子分析：隠れた共通因子を見つけ出す

食料品の最も売れる味，香り
などの組合せを知りたい

コンジョイント分析：
要素の望ましい組合せを求める

類似するデータを
グループ化したい

判別分析：情報の区分判定
クラスター分析：類似データの複数グループ化

購入に至るプロセスなど
をデータで検証したい

パス解析：相関関係に加え因果関係を図を使って求める
共分散構造分析：因子分析や回帰分析を組み合わせた分析

「多変量解析」と
いうこともあるよ！

文献案内

　本書では,大学に進学したばかりで統計学を初めて学ぶ学生向けに書かれた入門テキストの,さらなる入門書として,統計学の考え方と基本的な統計分析の方法を中心に説明してきました。そのため,入門レベルで学ぶ必要がある内容を,必ずしも全てカバーしきれてはいません。

　そこで,本書のレベルに近い統計学の入門的テキストから,計量経済学の入門的テキストまでを紹介します。

　本書を読んだ後,または読みながら学ぶのに適した標準的な入門テキストとしては,

[1]　大屋幸輔（2011）『コア・テキスト統計学［第2版］』新世社
[2]　田中勝人（2010）『基礎コース統計学［第2版］』新世社

があげられます。また,少し数学的な統計学にチャレンジしてみようという場合には,

[3]　森棟公夫（2000）『統計学入門［第2版］』新世社

がよいでしょう。
　次に,統計学を理解するよりも,統計分析の計算方法をしっかり修得したいという場合には,

[4]　鳥居泰彦（1994）『はじめての統計学』日本評論社

が計算例が豊富なので有用です．さらに，マイクロソフト社のExcelを使って，表計算を使用した統計学を学びたい場合には，

[5] 縄田和満（2007）『Excelによる統計入門——Excel 2007対応版』朝倉書店

がパソコンをしながら統計学を学べるテキストとして最適です．
　さらに，少し難しくてもよいので，統計学をしっかり学びたい場合には，

[6] 東京大学教養学部統計学教室（1991）『統計学入門』東京大学出版会

が充実した入門書になっています．一方で，本書以外に，統計学を考え方から分かりやすく説明したものとして，

[7] D. ロウントリー／加納悟訳（2001）『新・涙なしの統計学』新世社

が定評があります．
　より高度な計量経済学を学びたい場合には，

[8] 森棟公夫（2005）『基礎コース計量経済学』新世社

を標準的な入門書としてお勧めします．また，計量経済学でも，実際に手で計算して計算方法を学びたい場合には，

[9] 白砂堤津耶（2007）『例題で学ぶ初歩からの計量経済学［第2版］』日本評論社

などが数値例が豊富でよいでしょう。

最後に，計量経済学を数学的にしっかり学びたい場合には，

[10] 山本拓（1995）『計量経済学』新世社

をお勧めします。

　統計学や計量経済学は，本書で学んだような初歩的な理論の理解が最初の関門になります。それが終わったら，現実のデータの種類，作成方法，クセなどを学ぶ，隣接分野の経済統計という学科を学ぶことをお勧めします。そして，現実のデータ分析を数多く分析して，文章では書き切れない統計分析の活きたノウハウを蓄積していって下さい。

■付表1　標準正規分布表

表中は右図の正規分布曲線の左端（負の無限大）から，確率変数 Z までの確率（下側確率 p）を示します。Z の小数点第1位までが列見出し，小数点第2位が行見出しとなります（例：下側確率 67%（0.67）に対応する確率変数の値は 0.44）。

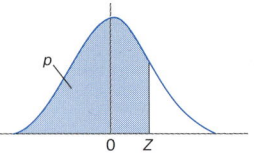

	Z の小数点第2位の数値									
	00	01	02	03	04	05	06	07	08	09
0.0	0.5000	0.5040	0.5080	0.5120	0.5160	0.5199	0.5239	0.5279	0.5319	0.5359
0.1	0.5398	0.5438	0.5478	0.5517	0.5557	0.5596	0.5636	0.5675	0.5714	0.5753
0.2	0.5793	0.5832	0.5871	0.5910	0.5948	0.5987	0.6026	0.6064	0.6103	0.6141
0.3	0.6179	0.6217	0.6255	0.6293	0.6331	0.6368	0.6406	0.6443	0.6480	0.6517
0.4	0.6554	0.6591	0.6628	0.6664	0.6700	0.6736	0.6772	0.6808	0.6844	0.6879
0.5	0.6915	0.6950	0.6985	0.7019	0.7054	0.7088	0.7123	0.7157	0.7190	0.7224
0.6	0.7257	0.7291	0.7324	0.7357	0.7389	0.7422	0.7454	0.7486	0.7517	0.7549
0.7	0.7580	0.7611	0.7642	0.7673	0.7704	0.7734	0.7764	0.7794	0.7823	0.7852
0.8	0.7881	0.7910	0.7939	0.7967	0.7995	0.8023	0.8051	0.8078	0.8106	0.8133
0.9	0.8159	0.8186	0.8212	0.8238	0.8264	0.8289	0.8315	0.8340	0.8365	0.8389
1.0	0.8413	0.8438	0.8461	0.8485	0.8508	0.8531	0.8554	0.8577	0.8599	0.8621
1.1	0.8643	0.8665	0.8686	0.8708	0.8729	0.8749	0.8770	0.8790	0.8810	0.8830
1.2	0.8849	0.8869	0.8888	0.8907	0.8925	0.8944	0.8962	0.8980	0.8997	0.9015
1.3	0.9032	0.9049	0.9066	0.9082	0.9099	0.9115	0.9131	0.9147	0.9162	0.9177
1.4	0.9192	0.9207	0.9222	0.9236	0.9251	0.9265	0.9279	0.9292	0.9306	0.9319
1.5	0.9332	0.9345	0.9357	0.9370	0.9382	0.9394	0.9406	0.9418	0.9429	0.9441
1.6	0.9452	0.9463	0.9474	0.9484	0.9495	0.9505	0.9515	0.9525	0.9535	0.9545
1.7	0.9554	0.9564	0.9573	0.9582	0.9591	0.9599	0.9608	0.9616	0.9625	0.9633
1.8	0.9641	0.9649	0.9656	0.9664	0.9671	0.9678	0.9686	0.9693	0.9699	0.9706
1.9	0.9713	0.9719	0.9726	0.9732	0.9738	0.9744	0.9750	0.9756	0.9761	0.9767
2.0	0.9772	0.9778	0.9783	0.9788	0.9793	0.9798	0.9803	0.9808	0.9812	0.9817
2.1	0.9821	0.9826	0.9830	0.9834	0.9838	0.9842	0.9846	0.9850	0.9854	0.9857
2.2	0.9861	0.9864	0.9868	0.9871	0.9875	0.9878	0.9881	0.9884	0.9887	0.9890
2.3	0.9893	0.9896	0.9898	0.9901	0.9904	0.9906	0.9909	0.9911	0.9913	0.9916
2.4	0.9918	0.9920	0.9922	0.9925	0.9927	0.9929	0.9931	0.9932	0.9934	0.9936
2.5	0.9938	0.9940	0.9941	0.9943	0.9945	0.9946	0.9948	0.9949	0.9951	0.9952
2.6	0.9953	0.9955	0.9956	0.9957	0.9959	0.9960	0.9961	0.9962	0.9963	0.9964
2.7	0.9965	0.9966	0.9967	0.9968	0.9969	0.9970	0.9971	0.9972	0.9973	0.9974
2.8	0.9974	0.9975	0.9976	0.9977	0.9977	0.9978	0.9979	0.9979	0.9980	0.9981
2.9	0.9981	0.9982	0.9982	0.9983	0.9984	0.9984	0.9985	0.9985	0.9986	0.9986
3.0	0.9987	0.9987	0.9987	0.9988	0.9988	0.9989	0.9989	0.9989	0.9990	0.9990

（行見出し：Z の小数点第1位までの数値）

＊データはSTATA Version.11.1から作成した。

■付表2　t 分布表

列見出しに自由度 df，行見出しに上側確率 p，表中に確率変数 Z_t が示されています（例：自由度3で上側確率 0.025 をとる確率変数の値は 3.182）。

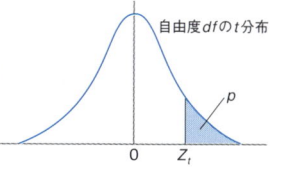

自由度 df の t 分布

		p（上側確率）					
		0.250	0.100	0.050	0.025	0.001	0.005
t 値の自由度	1	1.000	3.078	6.314	12.706	31.821	63.657
	2	0.816	1.886	2.920	4.303	6.965	9.925
	3	0.765	1.638	2.353	3.182	4.541	5.841
	4	0.741	1.533	2.132	2.776	3.747	4.604
	5	0.727	1.476	2.015	2.571	3.365	4.032
	6	0.718	1.440	1.943	2.447	3.143	3.707
	7	0.711	1.415	1.895	2.365	2.998	3.499
	8	0.706	1.397	1.860	2.306	2.896	3.355
	9	0.703	1.383	1.833	2.262	2.821	3.250
	10	0.700	1.372	1.812	2.228	2.764	3.169
	11	0.697	1.363	1.796	2.201	2.718	3.106
	12	0.695	1.356	1.782	2.179	2.681	3.055
	13	0.694	1.350	1.771	2.160	2.650	3.012
	14	0.692	1.345	1.761	2.145	2.624	2.977
	15	0.691	1.341	1.753	2.131	2.602	2.947
	16	0.690	1.337	1.746	2.120	2.583	2.921
	17	0.689	1.333	1.740	2.110	2.567	2.898
	18	0.688	1.330	1.734	2.101	2.552	2.878
	19	0.688	1.328	1.729	2.093	2.539	2.861
	20	0.687	1.325	1.725	2.086	2.528	2.845
	21	0.686	1.323	1.721	2.080	2.518	2.831
	22	0.686	1.321	1.717	2.074	2.508	2.819
	23	0.685	1.319	1.714	2.069	2.500	2.807
	24	0.685	1.318	1.711	2.064	2.492	2.797
	25	0.684	1.316	1.708	2.060	2.485	2.787
	26	0.684	1.315	1.706	2.056	2.479	2.779
	27	0.684	1.314	1.703	2.052	2.473	2.771
	28	0.683	1.313	1.701	2.048	2.467	2.763
	29	0.683	1.311	1.699	2.045	2.462	2.756
	無限大	0.674	1.282	1.645	1.960	2.326	2.576

＊データはSTATA Version.11.1から作成した。

索　引

ア　行
アンケート調査　28

一次統計　40
一様分布　84
一致性　140

上側確率　88, 134
上側信頼限界　132

横断データ　24

カ　行
回帰分析　168
回帰モデル　168, 170
カイ二乗分布　86
確率　70
　——関数　78
　——分布　74
　——変数　74
　——論　18, 66
仮説　144
　——検定　14, 110, 144
片側検定　154, 162
加法定理　72
間隔尺度　22

棄却　148
　——域　158
記述統計　38, 50, 52

期待値　74, 78
帰無仮説　146
逆相関　58
共分散　58

空事象　70
区間推定　112

経済統計　40
系統的抽出法　36
計量経済学　190
系列データ　24
決定係数　188
検定統計量　158
原理　180

効率性　140
誤差項　170
古典的仮定　176
根元事象　70

サ　行
最小二乗原理　180
最小二乗推定量　182
残差　180
算術平均　100
散布図　172

試行　70
事象　70

下側確率　88
下側信頼限界　132
自由度　122, 124, 134
周辺確率　76
受容　148
順序尺度　22
順相関　58
条件付確率　76
信頼区間　126
信頼係数　126

推測　50
　——統計　38, 50
推定　14, 110
　——値　110
推定量　110
　——の望ましさ　138

正規性　140
正規分布　86, 134
積事象　72
説明変数　170
線形回帰モデル　170
全事象　70
全数調査　28, 50

層化抽出法　36
相関　26
　——係数　58

タ　行

第1種のエラー　164
第2種のエラー　164
第一義統計　40

大数の法則　102
第二義統計　40
対立仮説　146
多次元データ　26
多段階抽出法　36
単回帰モデル　170
単純無作為抽出法　36

抽出　30, 94
中心極限定理　104

定数　94
　——項　170
データのクセ　10, 40
適合度検定　48
点推定　112, 114

統計学　2
統計資料　40
同時確率　76
特性値　12
独立　76, 82

ナ　行

二項分布　84
二次統計　40

ハ　行

排反事象　70
パネルデータ　24
パラメーター　94

ヒストグラム　46
標準化　130

標準正規分布　86, 130
標準偏差　56, 123, 125
標本　30, 94
　——空間　70
　——数　52
　——値　52, 94
　——調査　28, 50
　——平均　122
比例尺度　22

不確実性　8
不偏性　140
分位値　52, 53
分割表　48
分散　56
分布関数　137
分布表　88

平均　54
ベン図　72

ポアソン分布　84
補事象　70
母集団　94
　——分布　94
母数　12, 94
母分散　94
母平均　94

マ　行
密度関数　78

無作為抽出　32
無相関　58, 78, 82

名義尺度　22

ヤ　行
有意水準　152
有意抽出　30

ラ　行
離散確率変数　74
両側検定　154, 162
臨界値　156

連続確率変数　74

ワ　行
和事象　72

数字・欧字
1次元データ　26
F分布　86
p値　152
t検定　184
t値　184
t分布　86, 134
z値　156
χ^2分布　8

著者略歴

川 出 真 清
(かわ で ま すみ)

1973年　愛知県に生まれる
1998年　大阪大学経済学部卒業
2003年　東京大学大学院経済学研究科博士課程単位取得退学
　　　　新潟大学経済学部 准教授（2010年まで）
現　在　日本大学経済学部 教授

主要論文
「公共支出と公的年金の世代間厚生比較」，橘木俊詔編著『政府の大きさと社会保障制度』第6章（東京大学出版会，2007年6月）
「1990年以降の財政政策の効果とその変化」，井堀利宏編『経済社会総合研究所叢書1―日本の財政赤字』第5章（共著）（岩波書店，2004年12月）

コンパクト経済学ライブラリ＝8

コンパクト 統計学

| 2011年2月10日© | 初 版 発 行 |
| 2018年10月25日 | 初版第4刷発行 |

著　者　川出真清　　　　　発行者　森平敏孝
　　　　　　　　　　　　　印刷者　杉井康之
　　　　　　　　　　　　　製本者　米良孝司

【発行】　　　　　　　　　株式会社　新世社
〒151-0051　　東京都渋谷区千駄ヶ谷1丁目3番25号
☎(03)5474-8818(代)　　　　　　サイエンスビル

【発売】　　　　　　　　　株式会社　サイエンス社
〒151-0051　　東京都渋谷区千駄ヶ谷1丁目3番25号
営業 ☎(03)5474-8500(代)　　　振替 00170-7-2387
FAX ☎(03)5474-8900

印刷　ディグ　　製本　ブックアート
《検印省略》

本書の内容を無断で複写複製することは，著作者および出版者の権利を侵害することがありますので，その場合にはあらかじめ小社あて許諾をお求め下さい。

サイエンス社・新世社のホームページのご案内
http://www.saiensu.co.jp
ご意見・ご要望は
shin@saiensu.co.jp　まで．

ISBN978-4-88384-156-1
PRINTED IN JAPAN

グラフィック[経済学] 8

グラフィック
統計学

西尾 敦 著

A5判／352頁／本体2400円(税抜き)

左頁に本文解説があり，右頁に豊富な図表や重要なポイント，コラム，例題などを入れるというビジュアルな見開き形式を採ることにより，基本的な統計学の考え方や統計手法が初学者にもスムーズに理解できるよう工夫がこらされている2色刷テキスト．

【主要目次】
データ／基本統計量／変数の間の関係／確率論入門／標本抽出と推測／仮説の検定／モデルとその推測

発行　新世社　　発売　サイエンス社

入門統計解析

倉田博史・星野崇宏 共著
A5版／352頁本体2500円（税抜き）

本書は，大学の教養課程や専門課程において初めて統計学を学ぶ学生を対象に，データ解析の考え方と実際について，その基本的事項を解説した入門テキストである．基礎編ではデータの基本的な扱い方を，応用編では最も広く用いられている回帰分析と分散分析を身に付けることができる．直観的な理解やイメージを得られるよう，例を豊富に取り入れ，Excelの用い方も紹介している．東大教養学部において，入門から発展，理論から実習まで様々な講義を担当してきた著者による，次世代の東大教養学部の標準教科書となりうる決定版．見やすい2色刷．

【主要目次】
統計解析とは／1次元データの整理／2次元データの整理／確率モデル／独立同一分布／統計量／統計的推定／統計的仮説検定／回帰分析／分散分析

発行 新世社　　発売 サイエンス社

コンパクト 経済学ライブラリ 2

コンパクト
マクロ経済学
第2版

飯田泰之・中里　透　共著
四六判／208頁／本体1810円（税抜き）

本書は，マクロ経済学の「入門の入門書」として好評を博してきたテキストの改訂版です．初版刊行後の，リーマン・ショック，アベノミクスの登場，消費税率の引き上げといった大きな出来事をうけ，最近の経済政策に関する項目を大幅に改訂し，それに対応した統計データのアップデートも行っています．見開き・2色刷で読みやすく，初学者や短時間で基礎的知識を整理したい方に最適の一冊です．

【主要目次】
マクロ経済学を学ぶ／財市場の均衡／金融市場の均衡／IS-LM分析／労働市場とAD-ASモデル／労働市場をめぐる議論／マクロ経済学の発展／マクロ経済学と日本経済

発行 新世社　　発売 サイエンス社

コンパクト 経済学ライブラリ 3

コンパクト
ミクロ経済学
第2版

赤木博文 著
四六判／256頁／本体1950円（税抜き）

左頁に本文解説を置き右頁に対応する図表やコラムを掲げた左右見開き構成と2色刷により，ミクロ経済学のエッセンスをコンパクトかつビジュアルにまとめた，好評の初学者向けテキスト．第2版では統計データの更新や解説事例の刷新をはかり，さらに各章末に練習問題を追加して，一層の理解の定着を配慮した．経済学の入門書としても最適の書．

【主要目次】
経済学とは／消費者の行動と需要曲線／企業の行動と供給曲線／競争市場と市場均衡／市場均衡の応用／独占市場，寡占市場／情報の経済学，不確実性の経済学／環境の経済学

発行 新世社　　発売 サイエンス社

コンパクト 経済学ライブラリ 1

コンパクト 経済学 第2版

井堀利宏 著
四六判／208頁／本体1650円（税抜き）

経済学の基礎をコンパクトにまとめた好評入門書の最新版．基本経済用語についての解説をより手厚くし，統計データをアップデート，さらに今日の日本経済における重要トピックについても紹介した．2色刷・完全見開き形式として，左頁の本文では経済学の基本理論をむずかしい数式を使わず明快に解説し，右頁には本文のトピックに関連する図やコラムを配して，読者の理解に配慮した．

【主要目次】
経済学とは／消費者の行動／企業の行動／市場のメカニズム／市場の問題／政府／金融／マクロ市場／マクロ政策／国際経済

発行 新世社　　発売 サイエンス社